別好奇、別找藉口、別說「不公平」，
職場上不可不知的遊戲規則！

實沒這麼喜歡你的老闆

吳載昶，鄭一群——編著

目錄

目錄

第二章　人格魅力的展現

第三章　做個高效率的員工

第四章　做個老闆喜歡的員工

目錄

第五章　征服你的主管

第六章　適應新的辦公室政治

目錄

第九章　不要讓自己成為不受歡迎的員工

目錄

前言

　　把職場比喻為戰場，似乎有些殘忍，但這卻也是一個不爭的事實，雖然這裡沒有硝煙，也沒有廝殺。

　　在如此殘酷的競爭環境之中，誰才是真正的英雄？又由誰來主宰這其中的沉浮？要淘汰的終究要被淘汰，留下來的還需繼續向前。有誰會願意在還沒有到達終點之時便提前出局？有誰願意在各種明爭暗鬥中敗下陣來？但是現實卻總是殘忍的。作為職場中的一員，你就必須勇敢的面對這一切，也只有敢於面對這一切，你才有可能真正的成長起來，從而得到更大的提升，從而更快的走向成功！

　　這是一個經濟大爆炸的時代，在這一時代裡我們的職業生涯被激烈的競爭給重重包圍著，而且所面臨的壓力也越來越大，想要在強手如林的職場之中出人頭地、成就非凡，是一件很不容易的事。何況這裡荊棘密布，暗礁叢生，到處都有陷阱。只要你一不小心就有可能掉進「萬丈深淵」，從此便萬劫不復。

　　多少人在踏入職場之初是那樣豪情萬丈，是那樣信誓旦旦，但到頭來卻太多都迷失於辦公室這片彈丸之地裡，更有甚者就連來時的路都找不到了。

　　因為在這裡不僅競爭激烈而且還存在著其特有的諸多「遊戲規則」，而也正是這些規則使多少人迷失於此，從而徘徊不前。「適者生存，不適者被

前言

淘汰」的自然定律在這裡依然存在。假如你想要生存，你就必須適應這一規則；假如你想要在這菁英聚集的競技場脫穎而出，想要開闢一片屬於自己的天空，除了要具備一身堅實的「基本功」之外，你還必須學會遵守其中的這些「遊戲規則」，並且從中尋找新的突破。

在風雲變幻莫測的職場之中，無論競爭多麼殘酷，無論道路多麼漫長與艱辛，為了讓你的人生價值能夠得到充分的展現，為了充分展現自己的才華，為了追逐自己昔日的夢想，有多少英雄豪傑仍然在這條道路上緩緩前行，仍然在堅定不移的向著自己的目標前進。可是又有多少人能在此如願以償呢？相反，在這條道路上你所需要的是小心謹慎、步步為營，因為在這裡哪怕是你一個不經意的失誤都可能會變成對你致命的一擊。

所以，身在職場不但需要你修練一身堅實的專業技能，更需要你去發掘、去掌握、去應用各種技巧與策略，從而去適應職場中的遊戲規則，才能輕輕鬆鬆的遨遊職場，安安穩穩的步步高升，並把自己引向成功的彼岸！

第一章
成功源於最佳的意識

　　職場意識來源於人們對職場的認識、認知、思考與接納。而且它們經過了時間的沉澱之後，便成為了一種思想，並將伴隨人的一生。在這其中好的意識能作為催化劑，使你的工作更有成效；而不好的意識則能拖你的後腿，並處處束縛著你的行動。假如你不能將這種負面的意識消除、克服，並將其轉化成為一種良性的意識，那麼你的職業生涯將會困難重重，甚至使你這一生毫無建樹。

不只為薪水而工作

有一些年輕人，在他們剛走出校門時，總對自己抱有很高的期望值，認為自己一開始工作就應該得到重用，就應該得到相當豐厚的報酬。他們喜歡在薪資上相互比較，似乎薪資成了他們衡量一切的標準。但事實上，剛剛踏入社會的年輕人缺乏工作經驗，是無法委以重任的，薪水自然也就不可能很高，於是他們就有了許多怨言。

也許是耳聞目睹父母一輩被老闆無情解雇的事實，現在的年輕人往往將社會看得比上一代人更冷酷、更嚴峻，因而也就更加現實。在他們看來，我為公司工作，公司付我一份報酬，等價交換，僅此而已。他們看不到薪資以外的東西，曾經在校園中編織的美麗夢想也逐漸破滅了。沒有了信心，沒有了熱情，工作時總是採取一種應付的態度，能少做就少做，能躲避就躲避，敷衍了事，以報復他們的雇主。他們只想對得起家人和朋友的期待。

之所以出現這種情況，原因在於人們對於薪水缺乏更深刻的認識和理解。大多數人因為自己目前所得的薪水太微薄，而將比薪水更重要的東西放棄了，這實在太可惜了。

不要只為薪水而工作，因為薪水只是工作的一種報償方式，雖然是最直接的一種，但也是最短視的。一個人如果只為薪水而工作，沒有更高的目標，並不是一種好的人生選擇，受害最深的不是別人，而是他自己。

一個以薪水為個人奮鬥目標的人，是無法走出平庸的生活模式的，也從來不會有真正的成就感。雖然薪資應該成為工作目的之一，但是從工作中能真正獲得的更多的東西卻不是裝在信封中的鈔票。

一些心理學家發現，金錢在達到某種程度之後，就不再誘人了。即使你還沒有達到那種境界，但如果你忠於自我的話，就會發現金錢只不過是許多

種報酬中的一種。試著請教那些事業成功的人士,他們在沒有優厚的金錢回報下,是否還願意繼續從事自己的工作?大部分人的回答都是:「絕對是!我不會有絲毫改變,因為我熱愛自己的工作。」當你熱愛自己所從事的工作時,金錢就會尾隨而至。你也將成為人們競相聘請的對象,並且獲得更豐厚的酬勞。

不要只為薪水而工作。工作固然是為了生計,但是比生計更可貴的,就是在工作中充分發掘自己的潛能,發揮自己的才幹。如果工作僅僅是為了麵包,那麼生命的價值也未免太低俗了。

人生的追求不僅僅只有滿足生存的需要,還有更高層次的需求,有更高層次的動力驅使。不要麻痺自己,告訴自己工作就是為賺錢 —— 人應該有比賺錢更高的目標。

工作的品質決定生活的品質。無論薪水高低,只要工作中盡心盡力、積極進取,就能使自己得到內心的平靜。工作過度輕鬆隨意的人,無論從事什麼領域的工作都不可能獲得真正的成功。將工作僅僅當做賺錢謀生的工具,這種想法本身就會讓人藐視。

事業成功人士的經驗向我們揭示了這樣一個真理:只有經歷艱難困苦,才能獲得世界上最大的幸福,才能取得最大的成就;只有經歷過奮鬥,才能取得成功。

把工作當成人生的樂趣

即使你的處境不能盡如人意,也不要厭惡自己的工作,世界上比這更糟糕的事情多著呢。如果環境迫使你不得不做一些令人乏味的工作時,你就應該想盡辦法使工作充滿樂趣。用這種積極的態度投入工作時,無論做什麼都

很容易取得良好的效果。

　　人可以透過工作來學習，可以透過工作來獲取經驗、知識和信心。你對工作投入的熱情越多，決心越大，工作效率就會越高，當你抱有這樣的熱情時，上班就不再是一件苦差事，工作就變成一種樂趣，工作是為了自己更快樂！如果你每天工作八小時，你就等於在快樂的生活，這是一個多麼划算的事情啊！

　　許多在大公司工作的員工，他們擁有淵博的知識，受過專業的訓練，他們朝九晚五穿行在辦公大樓裡，有一份令人羨慕的工作，拿一份不菲的薪水，但是有些人並不快樂。他們是一群孤獨的人，不喜歡與人交流，不喜歡星期一；他們視工作如緊箍咒，僅僅是為了生存而不得不出來工作；他們精神緊張，未老先衰，常常患有胃潰瘍、神經官能症、憂鬱症、強迫症等，他們的健康令人擔憂。

　　當你在樂趣中工作，如願以償的時候，就該按你所選，不輕言變動。如果你開始覺得壓力越來越大，情緒越來越緊張，在工作中感受不到樂趣，沒有喜悅的滿足感，就說明有些事情不對勁了。如果我們不從心理上調整自己，即使換一萬份工作，也不會有所改觀。

　　一個人工作時，如果能以精益求精的態度、火焰般的熱忱，充分發揮自己的特長，那麼不論做什麼樣的工作，都不會覺得辛勞。如果我們能以滿腔的熱忱去做最平凡的工作，也能成為最精巧的藝術家；如果以冷淡的態度去做最不平凡的工作，也絕不可能成為藝術家。各行各業都有發展才能的機會，實在沒有哪一項工作是可以藐視的。

　　如果一個人鄙視、厭惡自己的工作，那麼他必遭失敗。引導成功者的磁石，不是對工作的鄙視與厭惡，而是真摯、樂觀的精神和百折不撓的毅力。

　　不管你的工作是怎樣的卑微，都當付之以藝術家的精神，當有十二分的熱忱。這樣你就可以從平庸、卑微的境況中解脫出來，不再有勞碌辛苦的感覺。厭惡的感覺也自然會煙消雲散。

　　一些剛剛畢業的大學生，常常會抱怨自己所學的科系，但不知道他們是否想過這樣的問題：如果你所學的科系與個人的志趣南轅北轍，那麼，當初為什麼會選擇它呢？如果你已經為此付出了四年甚至更多的時間，這說明你對自己所選擇的科系雖然不熱愛，但至少可以忍受。

　　所有的抱怨不過是逃避責任的藉口，無論對自己還是對社會都是不負責任的。想一下亨利——一個真正成功的人，不僅因為冠以其名字的公司擁有十億美元以上的資產，更由於他的慷慨和仁慈，使許多啞巴能說話，使許多人過上了正常人的生活，使窮人以廉價的費用得到了醫療保障……所有這一切都是由亨利的母親在他的心田裡所播下的種子生長出來的。

　　玫琳凱給了她的兒子亨利無價的禮物——教他如何應用人生最偉大的價值。玫琳凱在工作一天之後，總要花一段時間做義務保姆工作，幫助不幸的人們。她常常對兒子說：「亨利，不工作就不可能完成任何事情。我沒有什麼可留給你的，只有一份無價的禮物：工作的快樂。」

　　亨利說：「我的母親最先教給我對人的熱愛和為他人服務的重要性。她常說，熱愛人和為人服務是人生中最有價值的事。」

　　如果你掌握了這一積極的人生法則，如果你將個人興趣和自己的工作結合在一起，那麼，你的工作將不會顯得辛苦而單調。興趣會使你充滿活力，使你在睡眠時間不到平時一半，工作量增加兩三倍的情況下，也不會覺得疲勞。

　　工作不僅是為了滿足生存的需要，同時也是實現個人人生價值的需要。

一個人總不能無所事事的終老一生，應該試著將自己的愛好與所從事的工作結合起來，無論做什麼，都要樂在其中，而且要真心熱愛自己所做的事。

　　成功者樂於工作，並且能將這份喜悅傳遞給他人，使大家不由自主的接近他們，樂於與他們相處或共事。人生最有意義的就是工作，與同事相處是一種緣分，與顧客、生意夥伴見面是一種樂趣。

　　羅斯・金說：「只有透過工作，才能保證精神的健康：在工作中進行思考，工作才是件快樂的事。兩者密不可分。」

適時讓自己發光

　　過去，人們總是在強調「是金子總會發光」，強調一個人只要擁有出眾的才華就絕不會被埋沒在沙礫之中。可是，現代社會是一個競爭的社會，對人才的要求越來越高，「酒香不怕巷子深」的時代早已成為過去，現在已經到了「是金子，就要學會適時發光」的時代，有才華就要適時的展現出來的時代。

　　不經風浪難知人。也就是說，人才只有在困難與危急時刻方能顯出他的重要性。平平常常的日子，大家各上各的班，各司其職，往往檢驗不出一個人能力的多寡、程度的高低。只有在非常時期、關鍵時刻，才是真正檢驗一個人的膽量、才華、魄力和過人之處的時候，因為在這個時候，真正的人才會脫穎而出，成為真正的明星。

　　許欣宜原是酒店的一名普通服務人員，她勤奮好學，英語基礎很扎實。到酒店當服務生後，她仍然沒有放棄自學。沒想到，就是因為這種愛好，為她打下了良好的基礎。都說機會偏愛有準備的人，許欣宜就是其中的幸運者之一。

　　某年秋季的一天，一對英國夫婦來當地旅遊時住進了這家酒店。半夜

時，妻子突發疾病，丈夫立刻跑到服務臺，比劃著請求幫助。值班人員聽不懂客人的語言，連忙把經理請了出來。由於語言不通，經理也只有乾著急。但是如果外國客人在自己酒店發生了什麼意外，對酒店的影響將非常不好。

正在這時，許欣宜聞訊趕了過來，她用熟練的英語和客人進行交談。從對話中她得知，這位英國客人的妻子生病了，疼痛不已，急需送醫院治療。許欣宜在對客人進行安慰的同時向經理說明了情況。經理聽完，馬上通知司機準備車子，並將此事交給許欣宜全權處理。在許欣宜的幫助下，醫院對病人進行了及時的治療，很快解除了病人的痛苦。

事隔不久，這對英國夫婦在某一報刊上對這家酒店進行了高度的讚賞和評價，並去函向酒店和許欣宜表示感謝。此事被多家媒體相繼報導後，在社會上產生了極大的回響，使得酒店的聲譽大大提高，市旅遊主管部門也來到了酒店，對許欣宜的表現進行了表揚。很快，許欣宜被任命為酒店公關部副理，成為了最年輕的中階主管。

所以，在職場之中，你必須學會適時的展現自己的才華，讓自己「發光」。但是要想在關鍵時刻表現出自己的優秀，也不是一件簡單的事情。其首要條件是需具有「表現」的才能。這就需要你必須在平時為自己打下良好的基礎。

時時告誡自己：我做故我在

對於常在辦公室裡出入的人來說，處理人際關係是一件非常麻煩的事，因為「窩裡反」的劣根性已經存在於辦公室的每個角落。人際關係成了一些人升官發財的捷徑。

但是，有些升遷事件卻否定了這種說法：這些升遷的主角都不是那種

長袖善舞的交際家，除了任勞任怨的工作外，可以說並無過人之處，與那些把主管「哄」得眉開眼笑的人相比，他們並不被自己的同事看成是「當官」的料。

有時最終的勝利者卻往往都是他們。其實，原因很簡單，那就是他們願意「做」，勤勤懇懇在做好每一件事情。

關係不好也能得到提拔嗎？有位成功人士在他的著作中講述了這樣一個故事：當他捨棄威信較高的侯某而提拔了威信不高的徐某時，不少職員認為他不順應民情，而他則笑著說：「這個問題你們提得好，侯某有時確實比徐某做得好，比徐某的人際關係也好多了，但他卻不如徐某的做事能力強和原則性強。如徐某有一次由於客觀原因無法如期收回款項，他便背著主管和同事，搭車幾十里回到家中，湊齊款項如期交了上來。而侯某，完不成任務時總會用一些看似圓滿的藉口，找客觀理由，往別人身上推。兩者相較你們覺得誰更應該得到重用呢？」

身在職場，做好關係是十分重要的一個環節，但在工作中如果不懂得勤勉努力，那就是本末倒置，即使在群眾中有個好印象，同樣不能得到主管的重用。除了少數私心很重的主管外，絕大多數主管在用人時都是從工作出發的，因為企業的目的永遠都只有一個，那就是創造財富和贏得效益。所以，請記住：我做故我在！

以高度的熱情來面對工作

身在職場的你應該學會利用每一次機會，表現出你對自己的公司及其產品的興趣和熱愛，不論是在工作時間，還是在下班之後；不論是對公司員工，還是對客戶和朋友。當你向別人傳播你對公司的興趣和熱愛時，別人也會從

你身上體會到你的自信及對公司的信心。

因為人們都喜歡並更多的注意到那些樂觀積極、主動熱情工作的人。當你以高度的熱情致力於工作時，哪怕是最乏味的工作，你也會做得興致勃勃，並從中體會到勞動的快樂。但是在現實中有的人因嫌棄自己的工作，不願意做卻又無可選擇，不得不做時，就會情緒低落、怨氣沖天，即使不得已盡到了職責，人們也不會對其產生好感。作為主管，雖然看人主要是側重於工作的結果，並以其結果進行客觀公正的評價，但在感情上，還是比較傾向於工作態度熱情、積極的下屬。

因此，假如你已經從事了你並不喜歡的工作，在暫時不可能變動的情況下，你就要努力改變一下自己的認知和態度，使自己愛上這一行，並盡全力做好這一行。這樣才能為你以後的工作創建一個良好的前提，奠定一個有利於你職場發展的基礎。

當然，要想表現出你對工作的熱愛需要你花很多的時間和很多的心思。根據不同的事情，方式也有所不同。例如：為了完成一個工作計畫，你可以在公司加班；為了理清管理思路，你可以在週末看書和思考；為了獲取友誼，你可以在業餘時間與朋友們聯絡總之，你所做的這一切，可以使你在公司表現得更稱職，從而鞏固你的地位，並使你的事業更好發展。

責任感的培養

責任感是現代職場對員工的一項最基本的素養要求，它是指員工要對自己負責，盡自己應盡的職責、義務對構成自我形象的綜合要素負責。否則，就得不到人們的承認，就難以形成一個有利於自身發展的良好環境。人們正是透過這一點來由此及彼，分析、權衡一個人是否能夠在事業上有所作為。

責任還有另一層次的含意，即是指對工作、對他人、對社會負責，成為所在工作公司不可缺少的一員。這兩層涵義各有側重，又相輔相成。對自己負責，才能有效規範自己的一切行為，包括對工作、對他人、對社會的行為；而對工作、對他人、對社會負責，才能為社會所容納，從而才能贏得自己在社會中一席穩定的位置。

道理看上去很簡單，但是有的人不明白這其中真正的含意，往往因缺乏責任心而失去了人們的信任。有些在美國求學的留學生，為了克勤克儉，時常到餐館去打工。他們當中的大多數人都做得很出色，盡職盡責，使美國人對吃苦耐勞的精神大為讚嘆。

但也有少數留學生做得卻不盡如人意。眾所周知，美國餐館的衛生管理非常嚴格，要求所有的餐具必須用洗碗精和清水沖洗三遍。當主管或監管在時，這些留學生能夠按照規定程序工作，而當主管或監工不在時就只沖洗兩遍。這樣，一經發現，就只能接受被開除的厄運了。

事物的因果之間有著必然連繫。當一個人富有責任心和務實精神時，換來的必然是良好的工作業績、主管的信賴和自身的成長與進步。所以，作為一個員工，對這種責任感的培養是極其重要的，它將與你的職業素養搭配，是你是否稱職的表現之一。

從小事做起

「一屋不掃何以掃天下？」這一句話，看上去很簡單但卻蘊藏著這樣三層涵義：一是大事是由眾多的小事累積而成的，忽略了小事就難成大事；二是從小事開始逐漸長才幹、增智慧，日後才能做大事，而眼高手低者，是永遠做不成大事的；三是從做小事中見精神、得認可，「以小見大」「見微知著」，

贏得了人們的信任後，你才能會有做大事的機會。

有些知名的跨國公司，常常讓剛招聘來的員工掃廁所，以此考察他們是否具有從小事做起的務實精神。經過了一段時間的觀察，他們發現，一般會出現兩種情況：一部分人只把廁所容易打掃的表面清理乾淨，而不去打掃不容易被發現的角落；另外一部分人則對廁所的任何地方都不放過，極其認真的把每個角落都打掃得乾乾淨淨。

於是他們得出這樣的結論，前者浮漂，偷懶投機，投機取巧，只做表面文章、不實在，不能夠信賴和重用；而後者誠實、淳樸、勤勞、作風正派，值得信賴，應當予以重用。可見，事情雖小但卻最能考驗一個職員是否合格。

某國政府部門為了提高工作效率招聘了幾位碩士生和博士生，以為這樣會大大超過以前招聘的大學大學生，給機關工作帶來一個嶄新的面貌，以前滯後的工作狀況能出現一個新的突破。但經過一段時間的實踐檢驗後，卻發現並不盡如人意。有的研究生認為自己到機關做一些常規性的工作，是大材小用，因而不安心，不踏實，總想著一舉成就大業，一鳴驚世駭俗。這樣結果是顯而易見的，當然是沒有得到多大的收益，反而從一定的程度上影響了的效率。

假如你存在有上述想法的話，不知你是否想過，不管你在學業上的成就有多麼輝煌，也只能證明你在認識世界方面是佼佼者。是否能成為創造世界的佼佼者，則需要在實踐中去驗證。這種驗證是透過由簡單到複雜，由平凡到特殊，由小事到大事，在能力的提高中，在業績的累積中一步步完成的。天才在於勤奮，在於首先甘於從平凡小事做起，一步一腳印，踏踏實實、兢兢業業的把每一件事做好。

拒絕平庸

平庸的人一般都無感於外面世界的精彩、社會歷史的厚重、人間道義的神聖、生命涵義的豐富。一個人如果在青年時期就開始平庸，那麼今後要擺脫平庸就十分困難。古人曾云：「人胸中久不用古今澆灌，則塵俗生其間。照鏡覺面目可憎，對人亦語言無味。」這就是平庸的真實寫照。

生於這一年代的人們，生活似乎太過於優越，以至於少了一些憂患意識。他們過於強調以自己為中心的生活模式，去追求一種標新立異的生活態度，過著一種「新新人類」的生活。但是，很難想像，沒有真正學識和修養，如何有瀟灑自如、從容冷靜的氣質；沒有胸懷大志、高瞻遠矚，怎能有壯懷激烈、主宰沉浮的氣魄；沒有歷經風雨、承受磨難，如何顯出大悲大喜後的沉穩與淡泊。要知道沒有人生歷練和歲月刻痕的雕琢，所謂「個性」只會是「矯揉造作」、「裝模作樣」罷了。

這個年代，平庸型的人既是幸運的，又是不幸的。幸運的是，歷史、時代、社會、網路科技、智慧型手機給了他們太多的優越條件和成才機會，不幸的是，他們自身竟在這種良好的生活空間中迷失了方向。他們失落了大量的東西：事業、鮮花、友誼、親情、愛情。他們總是身在福中不知福，一次次的與成功擦肩而過。

平庸的人往往會給企業帶來巨大的損失，特別是當平庸的人在企業中作為管理者的時候，因為企業效益的好與壞在基本上取決於各級管理人員的工作態度。凡是生產和銷售做得很好的企業，它的管理人員都是認真負責和積極肯做的，他們在工作中不僅努力盡職，而且善於發明創造。

但是，也有的企業，對他們自己的管理人員要求不嚴，組織渙散，制度不全。他們的工作人員平淡庸碌，毫無主動精神，滿足於中等的工作成績，

不求有功，但求無過。在這些平庸的管理人員的影響下，基層工作人員和工人也馬馬虎虎，懶懶散散。這一切，給企業帶來的損失會使企業的長期發展受到極為消極的影響。

這些平庸的管理人員完全忽視了管理組織的基本精神和宗旨，他們到企業工作和承擔管理職位的目的，不過是為了謀得一官半職，並沒有具備一個管理人員應該具備的特質和能力。這些人儘管掌握了大部分的管理職位，但達不到管理作用，充其量也只能充當一個工作效率極低的「官僚機構」。

如果企業容許這樣的管理機構長期維持下去，那麼企業的前途就岌岌可危了。在現在這個競爭激烈的社會中，平庸型的企業和平庸型的人遲早都會從現實的競賽中淘汰出局。就像黑夜與白天一樣，卓越與平庸往往也只差那麼一小步。

現實生活中，人們對待生活往往有兩種態度：一種是充滿熱情，積極參與，大膽嘗試，勇於創新；一種是徘徊觀望，消極等待，不敢嘗試。結果，前一種人在積極參與、大膽嘗試的過程中，抓住了各種機會，實現創新，最後獲得了成功。儘管在嘗試過程中，他們也會經受挫折和失敗，但最終獲得成功的機率肯定要遠遠高過後一種人。因為挫折和失敗往往為走向成功提供了必不可少的經驗和教訓。

而後一種人，在消極等待和徘徊觀望中，往往失去了很多機會，最終甘於平庸。卓越與平庸的差別，不在於天資的高下，也不在於機遇的多少，主要還在於對生活有沒有積極參與的熱情和勇氣。

在職場上，找出每個人的天分，加上專業領域的知識訓練，正是工作者從平庸躍升到卓越、企業業績大幅提升的關鍵之一。拒絕平庸，不在溫馨的風中駐留，不在美麗的夢幻中沉浸太久；積極主動的創造機遇，在努力拚搏

中不斷發展自己。這才是通往成功天堂的重要途徑。

建立自己的最佳關係網

關係網是現實生活中人們因某些原因自發聯繫起來的一種人際組合。如果你希望自己能在公司裡逐步得到主管的認同，就要對自己和周圍環境進行謀劃，選擇並創造適合本人發展的「關係網」，這是十分重要的。

建立鞏固的關係網對你的成功很有幫助，這並不完全是因為別人能為你做些事情，因為因為當你和優秀的人在一起的時候，你能學會很多東西。好的關係網能夠拓展你的生活視野，讓你能夠和社會正在發生的一切保持同步，也能夠提高你交流的能力，所有這些都是你通往升遷之路的動力源泉。

1·明確的目標和努力不懈

建立關係網最基本的原則就是：不要與人失去聯絡，不要等到出現麻煩時才想到別人。「關係」就像一把刀，經常磨才不會生銹。若是半年以上不聯繫，你可能已經失去你的朋友了。

2·無所不在的「關係」

懂得拉「關係」的人，不但能舌下生蓮、左右逢源，而且任何蛛絲馬跡都逃不過他的法眼。他們簡直就是天生的偵探，甚至應稱他們為「社會學」榮譽博士。

善於拓展「關係」的人，不論是在洽談公事時，還是在私人聚會上，總是會掌握恰當的溝通時機。對這些「溝通大師」而言，人生就是一場遊戲——會議室、酒吧、餐廳，甚至在澡堂裡，處處都可以「增加見識」。跟

人談上一兩個小時，一定可以學到一點東西。另外，出差、旅行也是你拓展「關係」的好機會。

3‧時機的選擇

大忙人雖不好找，但並不表示他們絕對無法接近。你不必浪費時間在上班時間打電話給他們，這些人上班時間裡不是在開會就是在打電話，要不就是外出做事了。只要你學會利用空檔，什麼事都可以迎刃而解了。

「拉關係」的高手認為傍晚六、七點鐘是與這些忙人接觸的「黃金時刻」。祕書、助理等大概都走了，只剩下一些「工作狂」捨不得走，希望自己的「埋頭苦幹」能給主管留下深刻的印象。此時正是聯絡這些「貴人」的最適當時機。

讓自己成為職場明星

為什麼資歷差不多的職場人士中，有的人會被委以重任，迅速得到提升？而有的人儘管長年累月忙忙碌碌的工作，其職務卻總在原地踏步呢？事實上，既不是前者天生就比後者聰明或更有領導才能，也不是他們比別的人更能說會道。而且從工作方面來講，他們中的大部分人也不見得比別人更賣命。

美國卡內基說在邁農大學企業管理研究生的教授、管理顧問羅伯特‧F‧凱利給出了這樣的答案：這些人之所以能夠脫穎而出成為職場明星，關鍵就在於他們對待工作更精明、更靈活。他們成功的樹立了自我形象，使自己的職業生涯一帆風順，從而使得他們的越來越有價值。

他們靠什麼成功？這些職場明星是以自我累積的知識資本致勝，以左右

逢源的人際關係致勝。

　　你是否一直羨慕職場明星們總是可以承接到最重要、最能夠創造價值的工作，羨慕他們總是可以站到升遷的階梯上面？你是否也想成為他們之中的一員？請你相信這樣的定律：職場明星不是終身制，他們可以做到，你也可以做到。任何人都可以透過學習和鍛鍊，提高自己的能力，最終成為職場天空中最亮的那顆星。

　　而成為職場明星的第一步，就是在所謂的「灰色地帶」率先行動。今天，工作中有許多無法預測、無法界定的因素，只有跨出原有領域，主動面對它，才能出色完成。而且你要學會自我管理。

　　也許你會認為「只要我準時交差，就是達到自我管理」。但是對職場明星而言，那只是時間管理。真正的自我管理不只是完成工作或保持辦公桌面整潔，更包括累積人際關係和事業資產。也許你在完成一項工作後，才會去問主管：「下一個工作是什麼？」而職場明星則在任務完成前就開始自問：「我的檔案中還有什麼特殊經驗？下一項任務怎樣才能提高我對公司的貢獻，提高我在工作上的附加價值？」一般的員工等待任務上門，而明星則選擇他要完成的任務。你是否也意識到了這種現象的存在，要是這樣的話，請用你的行動讓這些有所改變，這樣，你離職場明星就更進一步了。

造就成功風範

　　常言道：「一事成功百事順。」成功人士總是善於控制住局面，可以讓事情發生或不發生，可以讓它按照自己的預定方向去發展。他們能很好的享受生活，並且擁有好人緣，在同事中很受歡迎。他們可以完成自己的目標，達到他們想要達到的目的，同時會受到老闆的尊重。他們將遇到的每一個新情

況都視為一種挑戰，將每一次展示自己解決問題的能力視為一種證明，證明自己對企業是有所貢獻的。

　　他們保持自己具有高度的上進心的要訣就是：要一直保持對自己的事業有興趣。透過保持一份商業敏感以及發現新的途徑，獲得更大的成就來保持自己對事業的興趣。這會保證自己對待工作的滿足感，對所得到的工作成就會為自己增加自尊和自信，而這一切也是一種成功風範的造就。

　　當然，凡事要保持一個優先性，這就意味著事事要掌握主動，時時不忘你的進取心。這表明你思想方法正確、理性，具備應有的對工作的熱情、自信和領導素養。每一項新的工作就是一個機會，充分的向你的老闆展示你的能力，或許這就是邁向成功的第一步。

　　成功者具有的性格上的長處，使他們可以忍受各種痛苦和困難的折磨，他們永遠抱有必勝的信心。說得明白一些，他們屬於那種樂觀向上的人物，具有高度的進取心，凡事都不喜歡被排除在外。

　　成功者是指那些比其他同事表現要更好、成功得多的員工。因為他們想要比其他人做得都好，因此他們會比別人更加努力工作。他們並不是一群具有多麼高技術水準的能人或專家，但他們在技術上面所缺乏的，他們會想盡辦法來彌補。這樣他們將獲取更大的成功。

學會選擇休息時間

　　當你在壓力下長期的工作之後，你該如何運用各種活動和休息原則呢？假如你想要使工作達到最有效的成果，你就必須評估自己的目標是什麼，知道你個人的活力和耐力，並且在充分運用個人資源的情況下擬定工作計畫。

　　當然，你不能在每次感到疲憊或是出現難題時就請假半天。實現你的

計畫和目標，有時需要長期而密集的辛勤工作。但重要的是，你必須知道什麼時候可以休息一下，做一些深呼吸，使自己恢復活力，讓你的工作更具效率。

雖然每個人都具有大量的未開發的潛能，但你必須能夠清楚認知到什麼時候自己的專注力、判斷力，以及思考的清晰度都消失了。因為這種情況下辛苦的工作所得到的只會是挫折和失敗。如果你經常這樣做，就會損害你的健康與削減你的信心，同時會使你產生永久的挫敗感。

據科學研究表明，在每一個半到兩個小時的專注工作之後，你的腦部和身體就會開始使工作表現能力下降。更有可能的是，當你檢視一天的生活時，你會發現自己的活力程度大概是遵循這樣的形態：在幾個小時的銷售提案和緊急事件的電話之後，你的身體會提出它需要休息的資訊，這時你會想要起來走一走，伸展一下四肢，吃點東西，或者只是需要幾分鐘的時間讓你的頭腦不去思考工作上的事情。

偶爾忽略這樣的欲望並不會立即影響到你的工作表現，但是在重要的時候忽視這樣的需要，就會經常使你缺少熱情及專注力，對事情失去警覺，以及缺乏熱忱。相反的，當你根據身體的自然活力循環來做休息計畫，並且學會選擇休息時間，而且好好的利用這些時間做放鬆運動，相信會使你一天的工作表現都相當完美。

解讀壓力

可以說壓力是人們生活的一部分，是自然的、不可避免的。從原始社會開始，壓力就存在於人們的生活之中，尋找食物，尋找住所，尋求安全，以及尋找配偶繁衍後代。在現代社會中，壓力與基本的生存手段關係減少了，

而與社會的成功、與對極大提高的生活品質的評判、與滿足自己或他人的願望緊密相關。

　　壓力似乎是人類狀況如此自然的一部分，以至於如果缺了它，人類自己還要創造出壓力。甚至有時人們寧願承擔心理壓力也要把事情拖到最後一分鐘去做。不只是對那些令人不快的、不想去做的事情是如此，即使對那些人們願意去做，有必要去做，做完後感到充實、感到有價值的事也同樣如此。人們似乎只有在經歷這種壓力時工作才能完成得更出色。

　　員工生存的職場，本身就是壓力的來源。比方說，假設老闆規定今天無論如何要完成某份稿件的排版工作，那麼有的打字員就會急得渾身是汗；但對身經百戰的人來說，卻是小事一樁，甚至還可以邊打字邊喝咖啡呢。簡單的說，你緊張的程度與功力的高低呈反比，對付這種壓力的方法是提高技能。

　　這種問題很簡單。一般情況下人們比較關心的是那些因「不明原因」所導致的壓力，這也是對症下藥的第一步。這些在日常生活中、工作中常遇到的壓力有多種來源。

　　有些人把某件心智或體能活動的成績看得很重。一般而言，這牽涉的多半只是技術層面，因此，並不難克服。典型的例子很多，像是開車、打網球、在公開場合演講等。總之，你總能找到一種適合你的方法來解決諸如此類的問題。還有面臨性命攸關課題所產生的壓力，如車禍、暴亂，或是遇劫等緊急狀況。

　　另一個極端是「日子太好過了」，讓你在煩悶之餘，實在談不上什麼成就感。比如那些過著千篇一律生活的上班族，相同的瑣碎業務或是機械化的制式動作會讓他們有窒息感，覺得自己的才能完全被埋沒了，只是在混而已。

人總是要在壓力之下生活，所以，你需要解讀壓力，弄清楚它存在於何處，找到了源頭，你也就找到了解決的方法。這樣不論你是在生活之中，還是在工作之中，都能輕鬆上陣。並且找到自己的最佳發力點。

「充電」的必要

這是一個知識大爆炸的時代，科技發明讓人眼花繚亂，生產和工作方式日新月異。在這樣一個高速猛進發展的時代，願意的人跟著走，不願意的人被別人推著走，推都推不走的人只有被這個社會徹底淘汰。當代知識的更新也是日新月異的，假如你不懂得隨著時代的步伐更新自己的知識，你就註定要被淘汰。

郭某是一九七〇年代末期的考大學狀元、國立大學的才子，畢業後回到家鄉工作，先是到一家國企，後來下海經商失敗，為生活所迫，在大街上擺起了修鞋攤。「國立大學高材生當街修鞋」的消息經當地一家媒體披露，立即如一顆重磅炸彈，在當地引起軒然大波，大多數人都義憤填膺，埋怨當地人事部門的官僚作風造成了人才浪費。只有少數的人認為他當街修鞋也沒有什麼大驚小怪，這是市場經濟的必然現象。

就這一件事的本身而言，其實並不值得大驚小怪。儘管他是從名牌學府裡出來的，但是由於他的知識已經嚴重老化了，他的工作和環境早已經決定了他無法再觸摸到當今時代的脈搏。早年學的那點東西可能早就拋到九霄雲外去了。不懂電腦，不懂英語，不懂網路，按照現在的標準，差不多是文盲了，所以徒有一張十多年前的名牌大學文憑。現在有的大學生還一剛畢業就失業了呢！其次，他經商也很盲目，沒有經過任何市場經濟的洗禮，又一身書生意氣，不被淹死已經是個奇蹟了。

這樣的結局誰也不想發生在自己身上。那麼，辦法只有一個，那就是時時刻刻都要懂得為自己充電！

偶爾打斷一下忙碌

許多著名的企業人士在一起討論「休息」這個主題時，其反應之熱烈是出乎預料的，他們會想要在一天之中及一年之中安排時間來休息。但是他們必須面對來自老闆或同事沉默的反對；同時大部分的人認為，他們實在無法在滿滿的行程表中擠進任何時間來休息。事實上，相關調查顯示，雖然有百分之七十九的人相信在一天中的休息時間對他們的工作表現相當有價值，但遺憾的是有百分之五十七的人從未或是幾乎沒有休息過。

事實上，當你越忙表示你越應該有更多的休息時間，而非較少的休息時間。也就是說，應該在你的工作中安排幾次短暫，但卻有效的休息時間來幫助你維持專注而有活力的心態。在高壓的企業環境中，當你在既困難又損耗精神的工作中花了很多的活力和專注力，短暫的休息時間可以大幅度的改善你的健康，也會使你事半功倍。所以你需要偶爾打斷一下你的主作，讓自己休息一下。

在一般情況下，雖然暫時離開工作幾分鐘會停止你的工作，但良好的休息可以消除緊張、增加樂觀情緒、使精神專注，以及產生創造性的解決問題的方法，而這些都可以實質性的增進你的整體工作效率。

傳統上，許多公司反對員工有休息時間，甚至許多人認為休息是偷懶的表現；但是，當企業環境轉變為需要比較高的彈性和比較好的創意時，許多人已經開始改變他們的態度。微軟公司就是一個很好的例子，在它的公司之中這根本不是討論的重點，在其公司文化中以休息時間來放鬆自己和使頭腦

清晰不只是被允許的，甚至是被鼓勵的。

　　點燃工作熱情的處方是在一天中偶爾打斷一下你忙碌的工作，並有技巧的安排休息時間、做放鬆練習來重獲心理和身體的健康、有適當的睡眠時間，以及利用假期和戶外的休閒活動來放鬆自己。在辦公室中，你可以運用一些簡單而有效的方法，休息五至十分鐘，那會提高你的活力，使你對工作有新的展望。你並不需要在辦公室中焚香、倒立，或是準備運動器材，你只需放下工作、不接電話、閉上眼睛、連做幾次腹式深呼吸，都會給你帶來意想不到的效果。

身體是革命的本錢

　　現代職場競爭已經達到白熱化的程度，職場工作壓力越來越大，這種壓力包括就業壓力，業績、升遷壓力、年齡、充電壓力、家庭、感情、健康壓力等等。在網路公司裡，流行著一句名言：「女的當男的用，男的當畜牲用。」長年累月，加班是家常便飯，甚至加班加到半夜也很平常。現在不少員工一天工作下來，回到家，什麼也不想做，什麼也不想吃，總覺得疲倦得很。

　　職場如同戰場，一個員工要在職場之中生活三十年以上，這就如同一場持久戰，沒有健壯的體魄，就很難勝任日後的戰鬥。據說某公司好不容易要來一名大學生，但這位大學生還沒有來報到，就住進了醫院。試想一下，這樣的狀況怎能適應日後的工作？有的公司為員工做身體檢查，每次不免都有兩三個人要進醫院療養。你應該明白充足的睡眠、均衡的營養、適當的鍛鍊、豐富的業餘生活、良好的人際關係、樂觀的心態等因素都是職場人士最好的保健品。

　　小邊是一家大型網站的內容企劃和監製，在公司有「拚命三郎」和「鐵

人」之稱。這家網站忙到什麼程度？連上廁所都是百米衝刺的速度。他作為一個頻道的核心人員，更是忙到一天只上一次廁所的地步，常常在電腦前，盯著顯示幕一整天，一刻也不敢放鬆。長年累月，沒有週休日，沒有節假日，天天晚上不到十二點回不了家，還常常因為突發事件而半夜或者凌晨起來，生理時鐘完全被打亂了，睡眠嚴重不足。自從他離開大學，就幾乎再也沒有進行過任何體能鍛鍊了，旅遊更是想都不敢想。小邊的體型已經迅速的變成臃腫而難看的「鴨梨型」，情緒也變得非常煩躁，常常因為一些小事和同事大發雷霆。

由於小邊工作出色，兩年後被提拔為部門主管，但和任命一起到來的，還有醫院的住院證明書和老婆的離婚證書。試想一下，這樣的結果，值得嗎？

看清壓力之下的自己

在很多時候，人們會對身邊的某些人產生一種崇拜的感覺，並有意識的去模仿他，渴望成為和他一樣的人。其實我們每個人來到這個世界時就具有了與眾不同的一分秉性，每個人的人生使命就是要成為他自己。並且是他人不可替代的，也是替代不了的。生命是屬於你自己的，只有你自己才有權支配屬於你生命中所有的一切。如果你要感覺成功的快樂和稱心如意的人生，你想拋開壓力，你就必須學會靠自己，並且更清楚的認識自己。

人的生命是有限的，必須學會去珍惜，但不是每個人都能做得到。而在這種情況之下，你可以嘗試著問問自己：「如果我只有一年可活，我應該如何來過這些有限的時間？我仍會和現在一樣安心的生活嗎？」如果答案是肯定的，說明你選擇的生活目標確實是你自己的；如果答案是否定的，那麼你需

要清醒，因為你沒有充分的享受你的生活。

也許你常常聽到別人這樣抱怨：「我討厭這份工作，但是我必須靠它為生。」這樣的抱怨是沒有道理的。如果你有足夠的能力可擔負這項工作，那麼，你也可以在你較喜歡的工作上展露才華。如果你真的討厭你的工作，那麼你可以換一個你比較喜歡的方式來做你現任的工作。人的生命是有限的，而你不喜歡這項工作，卻必須為它一大早就起床，為之辛勞與奔波，即使它能替你解決食衣住行，但它卻能使你失去更多。

不要浪費掉自己唯一的生命，做你自己，選擇你真正想要的目標。做好你自己，不要盲目追隨眾人。人就像某些喜歡群居的動物一樣喜歡追隨眾人。每個人都有或多或少、或自知或不自知的從眾傾向。問題是你不能在所有的問題上都追隨眾人，尤其是不能稀里糊塗的追隨眾人。重要的是做你自己，扮演自己的角色，才能使你對任何事都得心應手、壓力全無。

大多數都喜歡對「成功者」進行模仿，期望以之獲得成功。殊不知，如果這些人也像別人一樣的從眾、湊熱鬧，那麼，他們也就不會有今天的成功了。所以人不能盲目追隨眾人。堅持做真實的自己，按自己的選擇行動，這才是獲取成功的訣竅。

做你自己並相信自己，你就是一座金礦！在做事之前先要認清自己，找對你所處的位置、所擁有的能力和知識並重新審視你的心理風貌，以便對症下藥，發掘出自身無窮的潛力。那樣，你就不會有自己不喜歡卻偏要做一些事情的壓力了，並且能使你得到更多的成功。

試著讓自己成為有趣的人

面對工作的各種壓力，你需要放鬆一下自己。在職場之中想要有較好的

人緣，你需要讓自己變得有趣一些。那麼，要如何獲得幽默感呢？想要展現出較高幽默感的關鍵在於自覺性。你對自己的幽默指數了解多少？你能夠把握多少可以製造樂趣的機會？你一天笑幾次？你是否經常能夠看到事情的幽默面？你的同事和朋友是否認為你是一個有幽默感的人？你常常說笑話嗎？你經常能給其他人帶來驚喜嗎？你近來是否曾為你參加的會議帶來樂趣？

幽默感就像其他的技能一樣，是一種「不運用就會忘記」的技能。不幸的是，有很多人似乎都已經遺忘了這一點。在現今一般公司的文化中，是由你自己來主導樂趣的狀態，如果你意識到自己變得有點嚴肅或是處於死氣沉沉的狀態中，你便應該試著改善你的幽默技巧。

在你能夠對自我的歡樂程度有所察覺之後，你必須自我承諾要發掘幽默感，然後你必須勤加練習，就像你學習其他技能一樣的練習。這樣的練習目的，不是為了使你的喜劇感達到完美的境界，因為並不是每個人都能夠成為喜劇泰斗卓別林；對於你來說，重要的是，在任何情況下都能夠注意要保持幽默和擁有歡笑的意願；在你的歡樂養生法中，應該包括不時的讓人捧腹大笑，但是對你的工作表現而言，較輕鬆、無憂無慮和快樂的心態足已能夠減少那些負面的壓力，使你產生創意，並且持續改善你的工作效率。因此，第一步是你必須擁有幽默的心態來使自己樂於工作，這樣你會得到更多意想不到的收穫。

第一章　成功源於最佳的意識

第二章
人格魅力的展現

　　張而不揚是一種灑脫，更是一種個人魅力的展現。為什麼有些人在社會之中顯得那麼突出，那是因為他們的個人魅力在你心目之中所折射出來的光環實在是光彩耀人。也正因如此，他們才會在你心中形成永久的記憶，從而使你無法忘懷。其實每個人都有其自身的獨特之處，只要你能將這種獨特之處轉換成為一種光芒，並將它釋放出來，那麼你就會將所有的人所征服。

還原自己的真實世界

不論你是一個基層職員，還是一個管理人員，使夢想成真的關鍵通常都取決於一個壓倒性的能力，那就是不論在任何環境中，都能在有意識的維持希望及信心的狀態下來推動你前進。要解決特定的問題也許需要科技奇才、工程專家，或是能夠調動團隊人員的天賦。但是，這裡面隱藏著的最基本挑戰卻是和自己的競爭。

當你面對困難時，是否能夠達到你預期的成功？是否能夠克服失敗感和挫折感，再次恢復樂觀與取回掌控權？是否能夠察覺到你正在面對令人無法忍受的困難，而且急切的需要激勵一下自己？對傑出者而言，這些問題通常是具有決定性的。

戰勝你的內在自我，這就需要你學會引導信心及熱忱來戰勝懷疑與自責，允許自己以創新的思想及有力的行動來迎接挑戰，即使你所面對的環境單調而且無聊。

要克服懷疑，使自己的心態進入能量區並沒有一蹴而就的方法。你需要做的是學會控制自己的心態和情緒，以幫助自己遠離失望和憂慮，以及再度點燃你的熱情和決心。人們會被負面的心態所擊垮的主要原因，是他們並不注意自己的心情；想要使你的心態轉化到一種更具生產力狀態的關鍵，便是使自己變得和你的思想及情緒更加協調。

驅除負面心態，讓你慢慢變得樂觀的另一個策略則是要控制你的自我對話和運用想像力，這些是使你在面對具有破壞力的環境時，想要保持冷靜所不可或缺的練習。例如：在你的工作之中，你最主要的客戶轉而和你最大的競爭者做生意，或是地震毀了你的辦公建築物等，這些問題也可以提升你在任何情況中的思考與應變能力。抓住這一點，對你的職業生涯將會有很大

的幫助。

　　意識到思想和情緒對自己的影響力，以及對其可以有的控制能力，是一項具有啟發性的了解。在本質上，這種意識讓我們了解到，藉由控制思想，可以創造出自我的真實世界。一個人心態的力量，能夠使他在解決問題的過程中迅速恢復彈性，不只將這個問題視為良好的挑戰機會，過程也充滿挑戰性，而其他人則只能從問題中看到限制、挫折與放棄。因此，必須培養自覺性、積極的自我對話，學習如何運用想像力，並且在各種景象當中還原一個真實的自我。這種力量能夠控制你的心智狀態，並且使你達到成功的巔峰。

適當的當回「傻瓜」

　　曾有許多人嘲諷華西列夫斯基神經有毛病，是個「受虐狂」，每次不讓史達林罵一頓心裡就不好受。華西列夫斯基往往是笑而不答。只是有一次，他對過度嘲諷他的人回敬道：「我如果也像你一樣聰明，一樣正常，一樣期望受到最高統帥的當面讚賞，那我的意見也就會像你的意見一樣，被丟到茅坑裡去了。我只想我的進言被採納，我只想前線將士少流血，我只想我軍打勝仗，我以為這比討史達林當面讚賞重要得多。」在此，我們不難看出誰是真正的智者。在現代職場之中「大智若愚」之類的話好像顯得太俗了，可是卻很管用。

　　曾有許多人嘲諷華西列夫斯基神經有毛病，是個「受虐狂」，每次不讓史達林罵一頓心裡就不好受。華西列夫斯基往往是笑而不答。只是有一次，他對過度嘲諷他的人回敬道：「我如果也像你一樣聰明，一樣正常，一樣期望受到最高統帥的當面讚賞，那我的意見也就會像你的意見一樣，被丟到茅坑裡去了。我只想我的進言被採納，我只想前線將士少流血，我只想我軍打勝

仗，我以為這比討史達林當面讚賞重要得多。」在此，我們不難看出誰是真正的智者。在現代職場之中「大智若愚」之類的話好像顯得太俗了，可是卻很管用。

與主管交流時的細節

在辦公室來來往往的人們常常忽略在和主管應對時的禮儀細節。在主管交代你去辦一件事或者對你訓話時，一般人的回答是「好」「可以」，然而，這都不是身為下屬的你所應說的答語，正確的說法應是「是」「知道」。因為「好」「可以」在語言含義上帶有批准、首肯的意思，常是在上級透過對下屬的審核意見時所說的。而「是」「知道」表示承受、接受的意味，是下屬承領上級命令時所說的。

身在職場的現代年輕人可能極少注意到這些細微的禮節，但你的主管難保他會極看重這些細枝末節。如果你對此能加以注意，必能輕鬆過關，在他們心目中留下美好的印象。

在職場之中「獻其可，替其否」是很有必要的，它的意思是說，建議用可行的去代替不該做的。在下屬向主管「進諫」時多獻「可」，少加「否」，也就是說，要多從正面去闡明自己的觀點；還有就是要少從反面去否定和批駁主管的意見，甚至要透過迂迴變通的辦法有意迴避與主管的意見產生正面衝突。

也就是說，假如你是一家公司的部門經理，根據業務發展情況需要配一名專管業務的副手，這時你想提拔一位懂業務、有經驗的下屬擔任此職，而主管卻準備從其他部門派一名不懂這方面業務的外行人任職。在這種情況下，你可把話題多用在部門副理應具備的條件和你所提人選已具備的條件

上，而不應用在反駁主管所提候選人上。這樣既可以避免與主管發生直接衝突，又能把話題保留在自己所提人選上。這種「雙贏」的方法，你又何樂而不為呢？

對於那些敢於直諫的下屬，主管頭疼的往往不是他所提的意見有多麼難以接受，而是下屬提意見的方式讓他們受不了。比如這樣的話：「經理，您的做法，我不敢苟同。我認為應該……」你把主管的想法或做法一棒子打死，先別說他是你的主管，就是一般的同事、朋友都是很難接受的。你讓主管臉上掛不住，主管自然對你心存芥蒂，你的意見被採納的可能性就微乎其微了、

所以說，很多細節問題都是很值得我們去注意的，因為，其表面上看起來有些微不足道，但是有些時候起重大作用的往往都是這些看起來微不足道的細節。

才能展現的六個策略

一般情況下老闆都喜歡勤奮工作的員工，可是勤奮並不是時時都能做到的，也不是時時都能被老闆看進眼裡的，所以，你需要在這方面多下些工夫。那麼你要怎麼才能做到自己希望的那樣呢？下面給你幾點建議：

1‧文件要不離手

在辦公室之中千萬不要兩手空空。要知道拿著文件的人看上去像去開高層會議的人，手拿著報紙的人則好像要上廁所，而兩手空空的人則會被人以為要外出吃飯。有需要的話，你還可拿些文件回家，別人一定以為你是一個以公司為重，不惜用上私人時間處理公務的好員工。這樣的員工老闆會不

喜歡嗎？

2・總在用電腦

對很多職員來說，在辦公室埋頭於電腦前的人就是積極工作的人。但誰知道，你在做什麼呢？你也許可以做一些跟工作無關的事情。難道這不是個聰明之舉？

3・辦公桌上多置些文件和書

只有公司高層主管才有祕書收拾辦公室。基本員工的桌上太過整齊，反而會令人誤會你工作不夠勤奮，甚至想另謀高就呢。有人來找你要文件和書，你不妨在文件堆中找出來，顯示你的工作有多繁重。

4・急事要辦時時有

當旁邊的人煩躁不安時，你會覺得他一定有些重要事情要辦。所以你可以帶著有急事要辦的樣子，主管一定會以為你很盡忠職守。或是在眾人面前，嘆嘆氣，大家一定明白你面對的壓力有多大。

5・主管眼裡你要比別人晚下班

不要比你的主管早下班，最好在別人離開後，在你主管面前出現一下。有重要的郵件要發，則應該學會利用上班之前和下班之後來發，這樣老闆一定對你的「拼勁」留下深刻印象。

6・時常說些時尚詞彙

有空別忘記多看科技資訊，吸收一下流行的資訊、科技界術語和新產品名堂。當眾人議論時，這些詞彙便大派用場了。你滿口新名詞，同事還以為

你是個科技通呢。

害羞心理要不得

在日常生活中，你是否常常會看到這樣的現象：有的人在路上碰到熟人故意躲避；有的人不敢在大庭廣眾之下講話，一講話就會臉紅舌硬；有的人在比較熟悉的工作環境中突然發現陌生人時，會手足無措，大亂陣腳。

在日常生活中過度怕羞就有礙於工作，更不利於在職場中的發展。因為有害羞心理的人一般會更多的約束自己，而難以與別人建立親密的關係；沮喪、焦慮和孤獨會導致性格上的軟弱和冷漠。因怕羞而更加怯懦、膽小和意志薄弱。害羞心理隨著年齡的成長和交往的增多，是可以逐漸減輕的。但是在職場上，仍然會有許多怕羞的人由於無法與人正常溝通，不能展現最精彩的自我。這對於在職場中打拼的員工們來說，是十分不利的，必須加以克服。

1・重塑自信

黑格爾說過：「人應尊重自己，並應自視能配得上最高尚的東西。」對於怕羞的人來說，千萬不要為自己的短處而緊張。恰恰相反，應該經常想到自己的長處，要深信：「天生我材必有用。」要培養自信心，相信只要自己認認真真的做，自身的能力必能發揮出來。

2・大膽的要求

怕羞的人通常害怕遭到拒絕，所以很難說出自己心裡真正的要求。在職場中，當提案遭到主管退回時，對怕羞的人而言，即代表否定、沒有機會、

受到挫折。對勇敢的人來說，拒絕卻代表了仍有許多其他的可能性，現在遭到拒絕，以後還會有機會，可以換個方式繼續努力，根據問題重新修正提案，總會有被接受的一天。假如你是一個容易羞怯的人，那麼從現在起，你就應該改變自己敏感、脆弱、太注重別人的看法的弱點。重新調整生活目標，不斷的告誡自己一定要達到預期的目標，相信自己有能力成功，將失敗與挫折視為下一次機會的開始。

3・勇於發出自己的聲音

你是否有過類似的經驗：有的同事在會議中總是會非常踴躍的發表意見，滔滔不絕，似乎有備而來。但事實上他的提案並沒有你的完善，而且你手上準備的資料也比他周全。但你卻不敢找機會來表達你的意見，主管似乎不知道你的存在，更不知道你的專業程度。最後的結果是，你又錯失了一次很好的機會。所以你要明白在職場上拚搏，除了要做好充滿的專業準備外，關鍵還在於你是否把握了表達的機會，讓自己站上舞臺，顯示實力。機會不會從天上掉下來，表達才有得分的機會。

4・主動出擊，博得更多注意

有些人慣於利用職場周圍的環境，一有機會便很會自然的推薦自己，爭取表現的機會，扮演火車頭的角色。相比之下，怕羞的人則比較習慣默默耕耘，等待主管的賞識，喜歡孤芳自賞，自以為整天努力工作，然後待在辦公室內，主管就一定知道自己為公司鞠躬盡瘁。但事實上主管一般是不會注意的，除非你主動出擊。也就是說你應該主動定期向主管報告團隊的最新工作績效，顯示自己優秀的領導能力。同時主動與其他相關部門的員工建立密切的聯繫，介紹你的職務，讓他們知道你能為他們做什麼，你在公司的價值

性，你有什麼資源可以分享。

5‧接受新挑戰

羞怯的人往往會擔心自己是否能夠勝任新的工作，壓力也因此隨之而來，因為他們從未有過相關的業務經驗，業績好否不敢設想。而真正勇敢的人在面對相同的問題時，卻會很樂觀的接受新任務，雖然他可能自己也不知道從何處下手，但他不會讓別人知道。他相信自己一定有解決的辦法，不需要擔心，新挑戰意味著新的表現機會，其中充滿了不確定性。你應該增加對自己能力的信心，因為別人面對的問題與你一樣。

6‧擔負更多責任時，要懂得爭取更多的權力

羞怯的人，在企業裡滿足擔任副手、軍師的角色，天生就樂意分擔工作。雖然做的事越來越多，卻不會主動爭取更多的職權，以獲得升遷的機會。反觀沒有羞澀心理的人，他們會在擔負更多責任的同時，主動要求更大的權力，以求在職場中更上一層樓。這樣就需要你在擔負更多責任的同時，切勿忘記要求擁有相對的權力，這樣不但可以讓自己擁有更大的發揮空間，也會擁有更多的資源，使工作更有效率。

在困境中尋找成功的真諦

當企業營運順利且一切都按著計畫進行時，任何人都能以樂觀、勤奮的心情工作；但是在遭遇到挫折的時候，經常會攪亂了你的熱忱和專注。這就像是把一塊大石頭丟到一個平靜的湖水中一樣，層層的漣漪會隨之而起。而一個問題就可以打破心情和情緒的平衡，使你產生不安、混亂的心態。這種

壓力和突然的變化，會使你變得沮喪、擔憂或是退縮。

　　要維持工作上的優異，你必須有效的學習處理各種不確定性的情況，並且有意識的將困境視為另一種表現自我的絕佳機會。每個人都知道當自己在沮喪和灰心時思考會欠缺縝密，工作也較缺乏技巧。通常會以沮喪、生氣或是擔憂來回應，會在你的身體和頭腦產生重要的改變而損害專注力和決策的能力。

　　雖然說以較積極的心態來回應事情，通常都需要努力，但你必須積極的去面對困難的問題以轉化自己進入挑戰的心態。立刻控制你的想法，在懷疑和擔憂的潛伏性循環開始之前，找到將沮喪轉化成為突破點的方法，獲得這種對問題所產生的挑戰性回應，會在你面對困境時戲劇性的改善你的思考力和應變能力。

　　許多人在遇到困難時，很快就會變得士氣低落、萎靡不振，但有些人卻以奮鬥、探索、談笑風生的方式去處理一些麻煩的障礙，找到一個能夠利用問題使自己更強大的方法。你會選擇哪種方式呢？你會用哪種方式來面對自己所處的困境呢？並以此來尋找成功的真諦呢？聰明的你肯定已經有了自己的答案。

辦公室裡應杜絕的行為

　　有許多人常常認為自己只要不遲到，不早退，準時完成工作，對公司裡大小文具從不順手牽羊，就已經是個好員工了。但其似乎忘了，衡量一個人工作成績的優劣有時並不僅僅只看個人自身的表現，與周遭環境的協調也是重要考察的元素之一。一味的在工作中嚴以律己固然好，但若與同事遠離過多，便會成為你通往成功之路的暗礁，這一點不可小覷。注重工作中的人際

關係，並不意味著你必須費盡心機的和全辦公室的人打成一片。但總的來說，良好的人際關係毫無疑問能使工作發展得更為順利，使你的努力事半功倍。所以，以下行為需要杜絕，別讓它在你身上上演。

1・閒言碎語

工作間一些小打小鬧式的玩笑無傷大雅，但要警惕它們發展成為令人望而生畏的閒話乃至傷人的謠言。很多不懂得三思而後語的人，無意中成了各種流言的推波助瀾者。

如果你極其熱衷於傳播一些低級趣味的流言。至少你不要指望旁人同樣熱衷傾聽。那些與你有不同愛好的同事遲早會對你避之唯恐不及。即使你憑藉各種小道消息一時成為茶水間裡的紅人，但對一個口無遮攔的人，永遠沒有人會真心相待的。

假如你也有類似的傾向，那麼守口如瓶便是你最好的選擇，尤其在一些與同事私生活有關的話題上。記住，滴水可以穿石，在關鍵時刻你必定會意識到，得到同事們的信任是多麼難得。

2・病毒傳播者

滿腹牢騷，怒氣沖天，這些就是病毒傳播者們最顯著的特徵。儘管偶爾一些推心置腹的訴苦能夠構築出一種辦公室友情的假象，但綿綿不休的抱怨會讓人苦不堪言 —— 你將自己所有的苦悶複製了一份，在無意識強加給了其他的無辜者。

也許你把訴苦看作開誠布公的一種方式，但訴苦訴到盡頭便會昇華成憤怒。人們會奇怪既然你對現狀如此不滿，為何不乾脆換個環境，遠走高飛。

在這種情況下，不管你心中如何怨恨比天還高，你也須牢記一句箴言

—— 沉默是金。如果你已經給人留下了一個「辦公室討厭蟲」的印象，不管你說些什麼都很難得到同事們的任何回應。今後如果再有滿腹的牢騷等待發洩，不妨試著把有的不快訴諸文字，以 E-mail 或 LINE 訊息的形式發給一些與你並無工作關係的親朋好友，他們自會替你解難分憂。這樣做最主要的好處是，你滿腔的怨恨已在不知不覺中，以最低調的方式得到了痛快的發洩。

3·辦公室裡的「乞憐者」

每當旁人問及你的近況，你可會習慣性的回答：不太好。是這樣的，你聽我說……把生活中的創傷和痛苦作為談話的內容，是否真能使你從中得到釋放？請注意：一個可憐的人通常也是一個孤獨的人，因為沒有人願意和心理上的弱者交往。

相信你的初衷並不是想要得到旁人的同情，因為同情和尊敬在某些事情上是不能相容的，很難兩全其美。再說，如果旁人覺得你連自己的生活都處理得一團糟，那麼你的工作能力又能好到哪裡去呢？

把你的那些悲傷的故事收起來，祥林嫂在舊社會尚且不受歡迎，何況現在？與其倒自己的苦水，不如關心同事們的近況，並對他們的困難及時提供力所能及的幫助。

4·攀權附貴

這種人不太注意與下級甚至同級同事的交往，時時在伺機捕捉任何一個能趨炎附勢，令自己一步登天的機會。人往高處走，這是一種普遍心態，但倘若做得太過火，「馬屁精」的綽號恐怕是逃不掉了。

在辦公室裡你應該對所有同事一視同仁，包括那些從底層做起的辦公室新人 —— 對他們抱以真誠的尊重和欣賞。俗話說：真人不露相。你永遠無法

預知那些默默無聞的小人物背後一定就沒有大人物撐腰，或是他們絕不會對大人物們產生影響。再說，如果老闆感覺你處處樹敵，這種印象對你也毫無裨益 —— 哪怕不喜歡你的人在公司裡無足輕重。

溝通之時可以多一點自信

有人認為自信、武斷是挑釁，是對別人施以口舌之戰。又有人認為那看上去是自負，其實這是粗魯或是過度忍受的表現。根據調查顯示：個人的溝通方式也是導致成功與否的關鍵所在。無論你從事什麼工作，不想失敗的話，就要學會溝通，並且學會將其靈活運用，使自己對任何事情都能做到遊刃有餘。

其實自信也需要一定的技巧，自信也是一種魅力，自信來源於一個人的信心、良好的判斷力、決斷力、執行力、健康狀況，以及所有的有效因素。從商業角度來看，一個過度自信的員工或主管可以這樣補救：

1. 減少因誤會和麻煩而產生的混亂和低效率。
2. 明確的了解別人的設想和目標。
3. 激發別人把力量集結在想法和計畫上。
4. 減少會議上錯誤的決策和出爾反爾，保持和平的氛圍。
5. 恰當的自信可以使人們鞏固關係、減少壓力、提升個人形象，讓你更接近成功。

所以，幹麼不人人都自信起來？人們害怕報復，不願去捅馬蜂窩，想讓別人喜歡自己，這就是他們變得自卑的原因。在生活與工作中，需要你對自己有正確的認識，並且需要你努力去發現為什麼自己沒自信，學會怎樣來更加自負，讓它來增加你的信心。

有時候自信也可能透過一定的練習來實現，一切都掌握在你的手中。當你感到自己沒有按照自己的想法來說，遇到這種情形時，問問自己為什麼，再問：「如果我把自己的想法很禮貌的說出來，可能發生的最糟糕的事情是什麼？」這些問題的答案可以使你平靜下來，停止你的獨斷專行。時常，人們會發現他們一直畏懼的事其實有多麼可笑，而這些畏懼僅僅是他們由心而生的，其實並不是事實。你可透過下列的這些行動來實現這一目的。

1・心動更要行動

為了能夠更好的溝通，一定要肯花時間，耐下心來，堅定信心，確定想法和目的。要想取悅別人最起碼要了解他的世界觀和思想結構。

2・注重細節

不要說：「我們應該越快越好。」而說：「你可以在星期五早上十點鐘之前把它做完，並把報告放在我的桌子上，需要什麼協助嗎？」你要安排的越細緻越好，不要含糊不清。

3・不要假裝同意

不要為了調整氣氛而強裝微笑、點頭，來假裝很贊同對方的意見。你當然可以發表不同的見解，但要注意保持儀態！記住你是在某個想法提出異議，而並不是針對某個人。你可以這樣說：「我的看法有點不同，我想提一下……」

4・不恥下問

如果你對某事不明白，就要盡量詢問更多的資訊。也許別人的見解可以幫你更好的明白這個問題，給你自信，讓你大膽說是或不是，讓你的言行更

加有風度，不要夾雜個人情緒。在與別人的交流中，這可以幫你減輕壓力，避開消極作用。不要說：「你能提出那樣的想法，簡直是瘋了。」而是這樣說：「我認為這個觀點不能成立，因為……」

5・善於措辭

不要利用言辭逃避責任或指責別人。說「我需要在今天看到你的報告」會比較好些，而說「我要在今天看到那篇報告」就不太合適，說「那篇報告今天要用」就更不好了。

6・直截了當

把你的話直接說給你要的人聽，不要讓別人轉達。讓你的言語更簡單明瞭，從而避免誤會。不要總是道歉，如果必要的話，應該盡量解釋清楚。

7・胸有成竹

如果是一個面對面的討論，一定在之前做好充分的準備，把最好的，最糟的或是不好不壞的情況都要想得面面俱到，而且想好各種情況的處理方法。這樣的準備可以幫你在把握轉變的時候變得更靈活，使你的言語更加自信。即使不是面對面的交流，多想想各種情況的對策也不無道理，在討論雙方互相較量之前，讓自己成為一時的核心。

8・不要自欺欺人

不要假設你知道其他人的想法和感覺，他的目的是什麼，他們下一步會怎麼做。這樣的想法只會給你更大的壓力，削減你的自信。與大家一起分析對方在想什麼，提出一些問題，從中了解你是否和對方有一致的觀點。

9‧該說「不」時就說「不」

我們有時很不願意說「不」，因為這會使我們看上去很尖刻、粗魯、獨斷。你可以解釋為什麼不同意的原因，但不要表現得過度謙虛。盡量使你的回答一氣呵成，不要猶豫不決，比如你可以說：「我很想參加你們的活動，但我的排程得太緊了。如果我有雙倍的時間就好了。」或：「我很感激你的邀請，但我實在沒有時間，謝謝。」

熱忱是工作的靈魂

許多企業家很欣賞滿腔熱情工作的人。熱忱可以借由分享來複製，而不影響原有的程度，它是一種分給別人之後反而會增加利潤的資產。你付出的越多，得到的也會越多。生命中最巨大的獎勵並不是來自財富的累積，而是由熱忱帶來的精神上的滿足。

當你興致勃勃的工作，並努力使自己的老闆和顧客滿意時，你所獲得的利益就會增加。熱忱是一種神奇的要素，吸引具有影響力的人，同時也是成功的基石。

誠實、能幹、友善、忠於職守、淳樸 —— 所有這些特徵，對準備在事業上有所作為的年輕人來說，都是不可缺少的，但是更不可或缺的是熱忱 ——將奮鬥、拚搏看做是人生的快樂的榮耀。

發明家、藝術家、音樂家、詩人、作家、英雄、人類文明的先行者、大企業的創造者 —— 無論他們來自什麼種族、什麼地區，無論在什麼時代—— 那些引導著人類從野蠻社會走向文明的人們，無不是充滿熱忱的人。

如果你不能使自己的全部身心都投入到工作中去，你無論做什麼工作，都可能淪為平庸之輩。你無法在人類歷史上留下任何印記。做事馬馬虎虎，

只有在平平淡淡中了卻此生。如果是這樣，你的人生結局將和千百萬的平庸之輩一樣。

熱忱是工作的靈魂，甚至就是生活本身。年輕人如果不能從每天的工作中找到樂趣，僅僅是因為要生存才不得不從事工作，僅僅是為了生存才不得不完成職責，這樣的人註定是要失敗的。

當年輕人以這種狀態來工作時，他們一定犯了某種錯誤，或者錯誤的選擇了人生的奮鬥目標，使他們在不適合的職業上艱難跋涉，白白的浪費著精力。他們需要某種內在力量的覺醒，應當被告知，這個世界需要他們做最好的工作，我們應當根據自己的興趣把各自的才智發揮出來，根據各人的能力，增至原來的十倍、二十倍、一百倍。

從來沒有什麼時候像今天這樣，給滿腔熱情的年輕人提供了如此多的機會！這是一個年輕人的時代，世界讓年輕人成為真與美的闡釋者。大自然的祕密，就要由那些準備把生命奉獻給工作的人，那些熱情洋溢的生活的人來揭開。各種新興的事物，等待著那些熱忱而且有耐心的人去開發。各行各業，人類活動的每一個領域，都在呼喚著滿懷熱忱的工作者。

使自己永遠受到熱情的接待

您從來沒想到過寵物是唯一的為了養活自己而不需要勞動的動物？雞要下蛋，牛要產奶，金絲雀要唱歌，而狗靠對人的愛來使自己有食物吃。

是的，一個對周圍的人真誠感興趣的人兩個月結交的朋友，比另一個力求使周圍的人對他感興趣的人兩年，結交的朋友還要多。

不過，我們知道有一些人一生都在努力使別人對他感興趣，而他們自己對誰也沒表示過任何興趣。當然，這不會有什麼好結果。

第二章　人格魅力的展現

某電話公司為調查人在通話中使用次數最多的那個詞，詳細調查了人們的通話。結果，這個詞是人稱代詞「我」。「我」字在五百次電話通話中使用了三千九百九十次。

在你看你與別人的合影照的時候，你首先看的是哪個人？

如果你認為人們對你感興趣。那你回答下面這個問題：

「假如你今天晚上死掉，有幾個人來參加你的葬禮？」

如果你對別人不感興趣，為什麼別人要對你感興趣？如果我們只努力使人們對我們感興趣，那我們任何時候也找不到真正真誠的朋友。真正的朋友不是這樣找到的。

美國著名的魔術師霍瓦特‧土斯頓，四十年裡走遍了全球。他的魔術令觀眾目瞪口呆，六千萬觀眾看過他的表演，他賺了近二百萬美元。

當有人請求土斯頓披露他成功的祕密時，他說，魔術書有上百種，人們讀的書並不比他少。但是，土斯頓有兩個常人沒有的優勢：第一，他善於在臺上表演。他是一個技術非凡的演員，深知人的本性。每一個手勢、語調、微笑都經過了詳細的研究。第二，土斯頓對人真正感興趣。很多魔術師看著觀眾，心裡自言自語：「來的都是些頭腦簡單的人。我隨便玩弄他們。」土斯頓完全持另一種觀點。他每次出場，用他自己的話講，都這樣對自己說：「我感謝來看我演出的人。靠他們的幫助，我的生活才有了保障。我應盡量為他們表演好。」

羅斯福不當總統以後，一次來到白宮，當時塔虎脫總統和他的夫人都不在家。羅斯福對普通人的愛表現在他尊重白宮僕人，他親切的稱呼他們所有的人，其中包括洗碗女工的名字。「他看見廚師助手愛麗絲」，阿爾奇‧巴特寫道：「問她有沒有烤原先的玉米麵麵包。愛麗絲說有時給僕人們烤，上層

的人誰也不吃。羅斯福說：『他們的口味不好，我見到總統時要把這件事告訴他。』愛麗絲用盤子給他端來了一塊玉米麵麵包，然後他向辦公室走去，嘴裡一邊吃著麵包，一邊向園丁和工人們問好。他像以前那樣對待每一個人。僕人們至今還互相傳頌著這些事。阿克‧胡佛含著淚說：『這是我們兩年來最幸福的一天，我們誰也不會為一百美元而失去今天這樣的機會。」

為了交朋友，不能自私，要努力關心他人。為此需要時間和熱情。有一位親王周遊南美洲，曾花幾個月的時間學習西班牙語，以便用出訪國語言進行公開講演。這使他博得了南美洲居民的熱愛。

這樣，如果你想引起人們的欣賞，您應遵循的第一條準則是：「對人們表示出真誠的興趣。」

四種增加形象的技巧

在任何一個企業裡，爭權奪勢都是一個很常見的現象。可以說謀求權力是一種負面的、具有毀滅性的行為。可是對你來說，要想在企業內部這個充滿紛爭的環境中生存，就必須清楚他人圖謀權力的行為。你不能忽視存在於你周圍的那些競爭勢力；只要你有心，這些勢力可以被透視到，並加以控制。只要你重視他們，嘗試著去了解他們，你就可以在不明的處事準則的幫助下，無須以自身的妥協來換取在企業內部的生存。如果對於此類問題你能掌握一系列可供操作的行為指南，你將應付自如。這些行為指南不應隨著對方的地位、職務的變化而變化。對地位的過於關注可能導致與合理的禮儀準則背道而馳。你應該意識到對方的地位，但是禮儀又必須是你行為的標準。以下幾點建議可供你參考：

1・使用一致的行為標準對待所有的人

你可能注意到自己在接待企業外部的客戶時態度極其周到禮貌，而對企業內部人員則態度迥異。如有其他部門或分支機構在工作中需要你的合作，你就應該意識到妥善處理內部人員之間關係的重要性，這些細節都是你不可忽視的。

2・採取為客戶服務的態度對待內部人員

在企業裡，一旦你以他人的不同地位來作為自己不同行為的依據，你就失去了在企業大環境中成為一個高效的、做事公平合理的成員所需要的明辨力。良好的行為準則適用於所有的人。你不能忽視他人的地位，可是你要制定公平合理的標準並照此實施。

3・更多的注意良好的行為規範而不是受權勢和其他因素的影響

權勢存在並作用於企業內部。它影響著人們的行為，給企業帶來秩序的穩定。沒有它什麼事都辦不成。然而，你又需要把權勢意識和一貫重視禮貌區分開來。

4・遲到時學會道歉

雖然這在今天的企業內已屬罕見，你還是要考慮實行準時赴約這一準則，因為這對你是極其重要的一條行為準則。在很多人看來，這可能不怎麼重要；可以斷言，有些人甚至還沒意識到準時赴約的重要性。因為準時赴約意在使他人明白，這對他的一種尊重和重視，反過來你才會得到他人對你的同等待遇。

容忍之道

容忍是一種美德，是一種思想境界，也是一種人生真諦。特別是在職場之中更需要你學會容忍，因為你能容人，別人才能容你，這是生活的辯證法則。俗話說：「將軍額上能跑馬，宰相肚裡能撐船。」這是容人的最高境界。那麼，究竟如何容忍呢？

1·容人長處

現實生活中，人各有所長，取人之長補己之短，事業才能發展。劉邦在總結自己成功經驗時講過一段發人深省的話：「運籌帷幄之中，決勝於千里之外，吾不如子房；安國家，撫百姓，給餉銀，不絕糧道，吾不如蕭何；統百萬之軍，戰必勝，攻必取，吾不如韓信。此三者，皆人傑也。吾能用之，所以取天下也！」善於用人之長，首先是容人之長。蕭何月下追韓信，徐庶走馬薦諸葛，這些容人之長的典故早已成為千古美談。反之，有的人卻十分嫉妒別人的長處，生怕同事和部屬超過自己，而想方設法進行壓制，其實這種做法是很愚蠢的。

2·容人不足

金無足赤，人無完人。人的短處是客觀存在的，容不得別人的短處必難成大事。春秋時期，鮑叔牙與管仲合夥做生意，鮑叔牙本錢出得多，管仲出得少，但在分配時卻總是管仲多要，鮑叔牙少要。鮑叔牙並沒有覺得管仲貪財，而是認為管仲家裡窮，多分點沒關係。後來鮑叔牙還把管仲推薦給齊桓公，輔佐其成就霸業，管仲也因此成為著名的政治家。

3・容人個性

正如世上沒有絕對相同的兩片葉子一樣，由於人的社會出身、經歷、文化程度和思想修養各不相同，所以人的性格各異。因此容人根本上來說就是能夠接納各種不同個性的人，也就是說容忍人們的自我展示，這不僅是一種道德修養，也是一門領導藝術，具有容人個性，才能善於團結各種不同個性的人共同協調工作，從而充分發揮個人的主動性、積極性和創造性，推動事業的不斷發展壯大。

4・容忍別人之功與過

別人有功勞，應該為其感到高興，千萬莫心胸狹窄，害怕別人功勞大會對自己構成威脅——「功高蓋主」。須知，有功之人，對企業、社會做出貢獻，也就是身為主管的光榮。

「人非聖賢，孰能無過。」只要我們寬容他人過錯，激勵他人改為自新，他就會迸發出無限的創造力。

5・包容仇恨

這是容人的極致，是一種高尚的品德。齊桓公不計管仲的一箭之仇，任用管仲為大夫，管理國政而成就霸業。魏徵曾勸李建成早日殺掉秦王李世民，後來李世民發動「玄武門之變」當了皇帝，不計前嫌，重用魏徵。魏徵為李世民出了不少治國安邦的良策，才會出現「貞觀之治」。

容人在於容己。俗話說：「心有多寬，路有多廣。」在追求權力的道路上，容忍的人數越多，獲得的尊重和愛戴就越廣，成功的希望也就越大。身在職場之中，就需要你學會容忍之道。

批評要講究藝術

批評要講求藝術，宜以理服人，擺事實，講道理。如果你一味的挖苦侮蔑，或者以對方的缺陷為笑柄，過度的傷害他的自尊，往往會適得其反。即使他原來有自知之明，也難免會敝帚自珍。同時使你適得其反。

在你批評別人之時，應該認識到批評具有責任與藝術兩種性質。只有清楚的認識到這一點，你提出的批評才可能公平、有力、正確、中肯而不招人怨。下面幾點僅供參考。

1‧換位思考

換位思考是指在你批評別人之時要學會與別人交換角度，讓其站在你的角度去看待問題。讓他想一想：「如果你是我，你想想我出現了這樣的錯，你批不批評？」同時你也要站在別人的角度想一想：「假如我是他，我是否能認識到自己的過錯？能否主動檢討？」

這樣，雙方都站到對方的立場上設身處地的想問題，在批評和被批評時就容易協調了，這樣你也能根據對方認識錯誤的態度而把握批評的分寸了。

2‧巧用連接詞

許多人喜歡用先褒後貶的批評方法，其實這樣未必有效。所以有時你需要學會巧用連接詞。

例如一個老師對學生進行批評時，可以這樣說：「你這學期的成績有進步，我真為你高興。如果你下學期繼續認真努力，那你英語成績會像其他科目一樣好的。」這樣，學生會更容易接受他的表揚與批評的。

所以，你在批評別人時，盡可能把語句中的轉折關係改成遞進關係，這

樣效果會比你預估的更好。

3‧以身作則

一般情況下敏感的人對直截了當的批評是很反感的，那麼在這種情況下可以間接的提醒他們注意錯誤，這樣做會取得意想不到的效果。

例如：一個很有經驗的老師在教小學一年級時，班上同學都不知道做值日生的責任，所以有一個星期無人履行值日生職責。但是這位老師並沒有直接批評學生，只是向大家說：「今後一週我做值日生。」

於是，每天放學時，學生們看到老師打掃教室，擺正桌椅，關好門窗等。以後再讓學生們值日時，都學會了按照老師的做法來做，大家都做得很好。就這樣，在沒有受到批評的情況下，學生們學會了做值日生。

老師的這種做法非常明智，雖然他沒有批評學生，但是透過自己的以身作則，學生卻知道了如何做是對的。我們也不妨用以身作則的方法，暗示別人改變行為。

4‧巧妙擷取法

在職場之中你應該學會巧妙利用擷取意思相對或相反的成語、俗話和歇後語的方法，只說其中的一部分，而故意留下一部分讓對方去想，去體會。

例如：在主管的批評不實而片面之時，你可巧妙的說：「兼聽則明啊……」儘管後半句的「偏聽則暗」未說出口，但主管卻已經意識到了自己的問題。

不抱怨，常反思

作為員工你不要處處責怪主管，首先應該在自己的身上找一找問題。只

要自己有能耐，還怕主管不歡迎你！

在職場中，許多職員牢騷滿腹，對主管評頭論足，橫加指責；而對自己要求很少，能力不足，又不虛心學習，還常常抱怨主管不給自己機會。到頭來，境況越來越差，混不下去了，就只好拍屁股走人了。

李大平很不滿意自己的主管，常常與朋友抱怨：「我的老闆一點也不把我放在眼裡，改天我要對他拍桌子，然後辭職不幹。」

於是朋友反問：「你對你們貿易公司的情況完全弄清楚了嗎？對做國際貿易的竅門完全搞懂了嗎？」

李大平說：「還沒有學到這麼多東西，哪裡這樣容易學呢？」

朋友建議說：「君子報仇十年不晚，你著急什麼啊？我建議你好好的把一切關於國際貿易的技巧、商業文書和公司組織完全搞懂，甚至連怎麼修理影印機的小故障都學會了，然後再辭職不幹。你用現在的公司，當作免費學習的地方還有薪水領，什麼東西都通了之後，再一走了之，不是既出了氣，又學會了許多東西嗎？」

李大平聽了朋友的建議，從此開始決心好好偷師學藝，很多時候，甚至在下班之後，還主動留在辦公室裡加班學習。

一年之後，那位朋友偶然遇到了他：「你現在大概多半都學會了，可以拍桌子不做了吧？」

而李大平卻感慨的說：「可是我發現，近半年來，主管對我刮目相看，最近還委以重任，又升遷，又加薪，我已成為公司的重要幹部了。」

所以說身在職場，你就應該學會在自己身上找一找問題而不是常常去抱怨，說不定你會和李大平一樣有收穫。

聽取不同的意見

　　成功的竅門之一就是學會聽取意見。現在越來越多的老闆開始關注他們和人交往的能力。因為不少人錯誤的認為一旦自己被提升為主管，別人就會認真的聽從他所說的每一句話，照他說的去做。這是一種錯誤的思想，因為每個人有兩隻耳朵卻只有一張嘴，聽應該是講的兩倍。所以，說話應該恰到好處。

　　聽取意見是一位職員展示他寶貴特質的方法之一。首先，如果你多聽別人的意見，別人就不會認為你是一個「什麼都知道」的人，這是多數人對滔滔不絕者的想法。另外，多聽少講，你可以了解許多正在發生的事情。多講是學不到任何東西的。

　　但是大多數人不善於聆聽別人的意見，這又是為什麼呢？許多人認為世界上最美妙的聲音就是他們自己的聲音。在他自己聽來，這的確是美妙的音樂。但這樣還不滿足，所以需要別人也來聽。對這些人來講，他們對自己所講過的話比對別人講過的更感興趣。大多數人對自己講過的話可以記住百分之八十，對別人說的話，就只能記住百分之二十。之所以如此，是因為這時他們正忙於思考等這些人講完後自己將要講些什麼。但是你有沒有想過假如你想要別人認為你是一位卓越的交談者，應該先做一個好的傾聽者。

　　人們喜歡他周圍的人對自己感興趣。優秀的傾聽技巧對你的工作能起廣泛的作用。有趣的是只要你運用這些技巧，人們就會喜歡和你在一起。

　　這樣的做法使每個人都能得意。你有時必須使用一些待人接物的技巧。一開始你可能覺得在演戲，但過了一段時間自己也不知道這種表演何時結束，並已習以為常了。由於和你在一起的人都喜歡你，你從中得到了很大的滿足，你同時也就成了一位人人都喜歡的職員。

試著把意見變為建議

三國時楊修的故事大家都不陌生：楊修自以為學富五車、才智出眾，因而恃才傲慢。他生活在曹操的帳營裡，卻根本不把曹操放在眼裡，常常口出狂言，做事也是自作主張。曹操十分不悅，最後終於找了個藉口把楊修殺掉了。

在我們生活的周圍，不如意的情況屢見不鮮，而壓抑、扼殺的情況同樣層出不窮。如果你是一位聰明的小卒，卻遇到了一位無能的主管，你該怎樣做才能不使自己被壓抑的境地，反而使主管愉快的接受你的建議呢？這就需要你學會兼併的辦法。

小強是一家比較知名的網路公司的總經理助理。他的頂頭主管王總原先是做技術的，對企業管理一知半解，卻經常直接插手管理部門的事，把管理的層級體系做得亂七八糟。其他部門雖然表面上敢怒不敢言，但私下裡無不怨聲載道，讓小強與其他部門溝通協調倍感吃力。

經過一段時間的深思熟慮後，小強決定採用兼併策略。他對這位主管說：「真正意義上的主管權威包含著技術權威和管理權威兩個層面，王總的技術權威已牢固樹立，而管理權威則有些薄弱，有待加強。」王總聽後，若有所思。

小強巧妙的兼併了王總的立場，結果獲得了成功。後來，王總果然越來越多的把時間用在人事、行銷、財務的管理上，企業的不穩定因素得到控制，公司營運進入了高速發展狀態，小強的各項工作也一帆風順，漸入佳境。

兼併主管的立場，的確不失為向主管提意見的上策。首先，它沒有排斥主管的觀點，而是站在主管的立場，最終是為了維護主管的權威，出發點是

善意的；另外，這種策略是一種溫和的方式，能夠充分照顧主管的自尊，易於被主管接受，效率較高；除此之外，它需要很強的綜合能力，需要很高的社會修養，並能夠針對不同情況，不斷提出有效率的兼併主管立場的意見，久而久之，自己個人的主管能力亦會漸進佳境，甚至來一個飛速提升。

準時赴約

實際上，每個人都認為準時赴約是一種良好的品行。然而，當牽涉到工作約會時，遲到一小會，經常被認為是具有權勢的象徵。這時，普遍認可的凡事準時的禮貌待人方式被拋棄了。

人們在約會時所採用的那種非語言的行為表達是職業修養中一種複雜的表現形式。有些人不能自律，難以做到準時赴約。還有一些人，則可能透過讓你等待向你表明他高人一等或權力在握。尚無簡單的方法可以弄清楚，在每一次約會中的遲到是出於兩種可能性的哪一種。

有關約會的處事準則，同樣包括約會前的準備和約會後採取的行動。作為你整個職業生涯中的重要方面，怎樣來處理這些問題，對你的成功至關重要。

一種常見的觀點是：使他人為一次會見而等待是一種無言的權力象徵。而一個不得不耐心等待別人的人，依據同樣的觀點，則經常被看做是一個承認處於劣勢的人。有關這一觀念，還可以說上好多好多。然而，即使在你的公司裡流行這樣的看法，你也無需改變自己的行為標準。

因為你還是要考慮到下列因素：

1. 縱然你失去了難以捉摸的權力優勢，但你表現出來的準時赴約、禮貌待人，使你獲得了另一種優勢。這種優勢對於前一種優勢又豈止

是一種補償。另外，準時赴約是一種職業道德。

2. 那些不惜犧牲良好的行為規範以表現權勢的人，會使遲到問題更為嚴重。

3. 準時赴約給你的屬下樹立了良好的榜樣。作為主管，重視屬下對你的印象要比你對他們做出權勢的表示更為重要。

善於傾聽

說話是為了向聆聽者傳遞資訊，而聆聽者是為了準確的把握說話者的意圖、流露的情緒、傳播的資訊、並促使對方繼續談下去。在談話中是否善於傾聽，是談話能否成功的決定因素。

喬‧吉拉德被譽為當今世界最偉大的推銷員，回憶往事時，他常惦記一則令其終身難忘的故事：

在一次推銷中，喬‧吉拉德與客戶洽談順利，正當看樣子就要簽約成交時，對方卻突然變了卦。快煮熟的鴨子就這樣飛了。

當天晚上，按照客戶留下的位址，喬‧吉拉德找上門來求救。客戶見他滿臉真誠，就實話實說：「你的失敗是由於你沒有自終至終聽我講的話。就在我準備簽約前，我提到我的獨生子即將上大學，而且還提到他的運動成績和他將來的抱負。我是以他為榮的，但是你當時卻沒有任何反應，而且還轉過頭去用手機和別人聊天，我生氣就改變主意了！」

此一番話重重的提醒了喬‧吉拉德，使他領悟到「聆聽」的重要性，讓他認識到如果不能自始至終傾聽對方講話的內容，認同顧客的心理感受，難免會失去自己的顧客。

這個故事雖短但卻蘊含著這樣一個道理 —— 錯過一次認真的談話可能將

永遠失去發展的機會，而不僅僅是一個客戶了。

在與人談話時，傾聽可以消除誤解。在很多情況下，公司中人與人之間的誤會都是因為沒有機會講述或彼此沒有認真聽而造成的。對某一工作安排或人事調動，不同的人肯定有不同的意見，抵制或背後評論只會造成隔閡；溝通和交流，傾聽別人的觀點才能融合大家的意見，解決實際問題。

與人談話，切忌「金口」不開，使人尷尬。一定要注意力集中，主動及時的做出回饋。在適當的時候，回覆一兩句，表示在傾聽他的言論。如果對方講話要終止時，又希望繼續談話，可選擇對方常提出的某一地方、某一人進行詢問，使其感興趣，這樣，談話就會繼續進行。

有些人講話歷來善於運用「弦外之音」，尤其在辦公室中，人多嘴雜，諸多事情直話直說，「弦外之音」就大行其道了。

話語的「弦外之音」在表面上是看不到的，但它傳達的資訊卻是極為微妙的，需要精心捕捉。準確、細心的辨別各種言外之意，體察言者的真正用心，可以使自己避免言語行為的盲目性。

會聽「弦外之音」固然重要，但另一方面也要慎重措辭，避免別人聽出不必要的「弦外之音」。如一位年輕的員工在非正式場合向主管說起工作量多、任務重。這位主管誤認為下屬在叫苦，於是找了個機會把他調到一個輕鬆的部門。其實那位下屬只是隨便反映一下情況，讓主管知道他工作的辛苦，肯定和承認他在公司裡的地位和作用而已。

聽話聽音，如果能熟悉、掌握這個道理，體察對方內心的真實想法，因人而異，隨機應變，調整好自己的心境，盡可能進入對方的角色，設身處地替對方想想，那就會減少許多不必要的麻煩。同時，為你贏得更多的機會。

說「不」時不要傷感情

和別人交流時否定別人、否定別人的言論和行為，是一件很容易傷害感情、導致尷尬局面的事情。但你如果注意話語的含蓄和否定的技巧，就可以避免這類情況的發生，使生硬的否定也有一副可愛的臉孔，從而在輕鬆愉快的氣氛中完成「否定」的任務。這樣的效果你何不試一試呢？

微笑是人類的本能之一。當你正為一個需要你立即表示贊同與否的問題難住而大傷腦筋時，也許微笑可以助你一臂之力。

當你的一個朋友說：「我想請你吃晚餐，可以嗎？」可是你早有約會，於是你可以試著微微笑著說：「謝謝！」你的朋友還會說：「你同意啦？」但你只是微笑，欲言又止。你的朋友又會問道：「你有約會啦？」於是你可以微笑著點頭道：「嗯……是的。」這時他只好說：「噢，對不起！」於是你可以說：「沒關係！我也很抱歉！」

就這樣，一句「對不起」和一句「沒關係」，同時給雙方下了臺階，並沒有產生或留下不太令人愉快的氣氛和印象。

還有你可以用以謬還謬的方法，也叫「將錯就錯」，類似於推理上的「歸謬法」，即先假定對方是正確的，然後按照這個思路做出一個新的結論，而這個新結論又是明顯荒謬的，因此，後者的顯然不成立也就證明了前者的錯誤，從而實現否定的目的。

甘羅的故事大家都聽了許多，當時他的爺爺是秦朝的宰相。有一天，他看見爺爺在後花園走來走去，不停的唉聲嘆氣。

原來是秦王聽了別人的挑唆，非得要吃公雞下的蛋，並命滿朝官員去找，否則將受罰。

甘羅聽了很生氣，他眼睛一眨，想了個主意，說：「爺爺您別急，我有辦

法，明天我替您上朝好了。」

第二天早上，甘羅真的替他爺爺上朝了。他不慌不忙的走進宮殿，向秦王施禮。

秦王見上朝的是甘羅，於是很不高興的問道：「小娃娃到這裡搗什麼亂！你爺爺呢？」

甘羅從容說：「大王，我爺爺今天來不了啦。他正在家生孩子呢，拜託我替他上朝來了。」

秦王聽了哈哈大笑：「你這孩子，怎麼胡言亂語！男人家哪能生孩子？」

甘羅說：「既然大王知道男人不能生孩子，那公雞怎麼會下蛋呢？」

甘羅就是利用以謬還謬的否定方法，沒有直接揭露秦王的荒誕，而是順勢引出一個更為荒誕的結論，讓秦王自己去攻破自己的觀點，並在巧妙的回答中暗示其荒謬性。

讚美能讓別人瞬間對你產生好感

讚美是一種重要的交際手段，它能在瞬間溝通人與人之間的感情。任何人都希望被讚美，威廉・詹姆斯就說過：「人性深處最大的欲望，莫過於受到外界的認可與讚揚。」讚美還可以激勵人們不斷進步，激發人們的上進心。在人際社交中，你一定不要吝於讚美別人。

王某坐火車回家，對面坐了一位漂亮的時髦小姐，可是待人特別冷淡，對誰都愛理不理的。行車幾個小時，他們之間的對話也不過十來句。時間已經是半夜，王某正打算睡覺，一下子看見了她手上戴了一個別緻的手鐲，就順口說了句：「你的手鐲很少見，非常別緻，特別是戴到你的手上就更美了。」

沒想到她因不經意的讚美而興奮不已，開始向王某介紹這鐲子的來歷。然後，她又給王某說她外婆的故事、她爸媽的故事，等到天亮火車到站的時候，他們倆正談論彼此的愛情。

李某與客戶共同商量建造新辦公室的計畫。他不停的在筆記本上記著，有時乾脆撕下一張紙在上面畫出草圖，對原方案提出修改意見。討論結束後，客戶感謝他抽出了寶貴時間並付出了巨大的努力。另外，她看著李某手中的筆記本補充道：「你的字寫得很漂亮。」

李某不好意思的回答：「過獎了，是我的筆好用。」

客戶笑著說：「可是我用的是同樣的筆，卻從來寫不出那麼好的字來！」

在讚揚的過程中，雙方的感情和友誼會在不知不覺中得到了增進，而且會調動其交往合作的積極性。

不難看出，溫柔的褒獎他人，會讓對方產生接納的態度。稱讚是博取好感和維繫好感最有效的方法，它還是促進入繼續努力的最強烈的興奮劑，這是由人性的本能所決定的。

用實力征服對手

當你步步高升之際，註定了你無可避免的要與同事展開競爭，也只有這樣，你才有可能穩步攀登成功的階梯。在不傷害別人的情況下，力爭上游，最後獲得好的成果，這樣才算是真正的成功。這就需要你學會以下這幾招：

1. 坦誠告訴你的同事，自己對事業的希望與雄心，不做暗箭傷人的事情。

2. 在公平競爭的情況下，知道對方遇到什麼不快的事情，不可落井下石。

3. 小心觀察主管對你的印象，是否滿意你的工作表現，才考慮應否向他提出升遷的要求。

4. 在一些重要工作上你固然表現出色，但是也不能忽略微不足道的事情，如遲到早退、隨便請病假。

5. 把握出人頭地的機遇。運籌帷幄，巧妙的展現自己的才華，恰當的接觸關鍵人物，你升遷的「時日」便指日可待了。

6. 讓大家都記住你。公司召開的各種會議和舉行的各種活動都是你拋頭露面的好機會，只要動腦筋，總會使老闆記住你的業績，在主管眼中留下精幹的形象。

7. 承擔重要的工作，成為公司不可缺少之人。如果你手頭有重要的客戶或可靠的資訊來源，而公司總認為別人都無法與你相比，公司多半會對你器重有加，用升遷或加薪籠絡你，以免你另謀高職。

第三章
做個高效率的員工

　　在今天，要是說時間便是金錢，其實一點也不為過。因為當今社會所講求的便是效率。抓不住時間，不能有效的利用時間，那麼，你將有可能從整個高速運轉的社會機制的大輪盤之中脫離出來。這樣將使你無法達到你所期待的目標，更使你無法到達成功的彼岸。

別虛耗工作時間

　　管理大師杜拉克說過：「不能管理時間，便什麼也不能管理。時間是世界上最短缺的資源，除非嚴加管理，否則會一事無成。」在現實之中，時間就是金錢，效率就是生命，已經成為一條被人們廣泛接受的定律，但說起來容易，做起來難。特別是辦公室人員，由於工作的重複性高，工作環境狹小，又缺乏鍛鍊，辦公室症候群常常困擾著員工的身心，在辦公室裡有很長一段時間是處於恍惚狀態。

　　如何提高效率，是每個職場人士的必修課。數量充當不了品質，首先不要瀏覽和工作無關的網站，不要網路聊天，更不要瀏覽成人網站，即使工作需要和外界聯繫，也不要寫長篇大論的電子郵件，不要和同事「擺龍門陣」，談工作時用詞簡捷……另外的辦法就是不斷探索工作中的樂趣，將枯燥的工作變得津津有味，比如可以開展自我的工作測評和競賽，加快工作節奏，這樣就可以加大工作量，提高效率，你反而覺得時間不夠用。

　　千萬不要整天呵欠連天，萎靡不振，更不能在辦公室睡覺，你既睡不安穩，又給老闆留下了懶散的印象。例如：李某在公司中做檔案管理員，不知道怎麼回事，就像吃了瞌睡蟲一樣，整天都是一副睡不醒的樣子，在辦公室看見他每時都是無精打采，即使開會的時候也形同夢遊。其實，他並不是工作累的，而是閒得發慌，找不到事情做，不是上網聊天，就是沒完沒了的打電話，接著就打呼，要麼就是東遊西蕩，走到哪裡哪裡就死氣沉沉。他自己嘆息說不工作比工作還累，這句話不小心被傳到老闆耳朵裡，決定成全他，讓他去跑業務，很低的底薪加提成，李某現在才知道什麼叫做欲哭無淚。

提高工作和做事效率的祕訣

舊金山的加利福尼亞醫學院副教授查爾斯‧卡菲爾德領導著一個「成功事業」研究中心，他已經研究了各行各業一千五百名傑出的成功者。他發現這些人都各自具有自己的特長，但也有一些天性，比如：做事高效率就是他們最顯著的共性之一。這種特性是有可能在後天為每個人所掌握的。

這並不意味著每個人都能成為公司經理或奧運冠軍，而是要說明我們所有的人都有可能更充分的發揮自己的才能。以下是在卡菲爾德的研究基礎上提出的五點提高工作和做事效率的祕訣。

1‧妥善安排日常生活

我們常聽人說，在事業上有巨大成就的人，肯定是那些樣樣都好的完人，這些人幹勁十足，總是要把工作帶回家去，一直做到深夜。卡菲爾德認為，事實並非如此。那些真正的事業家，樂於勤奮工作，但都有一定的限度。對於他們來說，工作不等於一切。當卡菲爾德採訪了十個主要工業部門的高級董事和經理之後，發現這些人懂得如何放鬆，他們能夠把工作留在辦公室做；他們珍視友誼和家庭生活；他們能夠有相當多的時間與自己的子女和友人在一起。

2‧動手前要進行理智的思考

大多數成功者在他們處理困難的或者重要的事情之前，都要在腦子裡把這件事過上幾遍。比如：著名的高爾夫球選手尼古拉斯，在擊球之前總是在腦子裡設想一下擊球的軌道，以及球的著落點。

有些人總是在幻想會有一件什麼重大的事情的來臨。但是，理智的思維

活動不同，理智的思維活動能夠鍛鍊我們實際應變能力，而其他僅僅是無效的思維活動。

3‧不追求十全十美

許多雄心勃勃努力工作的人，往往事無鉅細，醉心於完美，最後落個事倍功半。有一個女教授花了十年的時間研究一位劇作家，她心裡總是怕不全面，遺漏了什麼，最後，當她猶豫拖沓的把研究成果拿出來的時候，這位劇作家已名聲大減，沒有什麼研究價值了。

4‧敢於打破陳規戒律

許多人自認為了解自己能力的限度，但是，這些人所「了解」的許多東西往往是不符合實際的，甚至是荒謬的、自我禁錮的準則。卡菲爾德說：「自我禁錮的準則是事業成功的最大障礙。」

許多年來，幾乎所有人都認為：人不可能在不到四分鐘的時間裡跑完一英里。甚至在生理學雜誌上發表的文章也曾鄭重其事的「證明」：人體不能承受如此重負。然而，在一九五四年，羅格‧巴尼斯特以自己的實際行動衝破了這個禁區。在後來的兩年中，又有另外的十名運動員相繼衝破這個禁區。這說明，現實中許多人對自己的認識遠遠低於自己實際能力的界限。

成功者能夠蔑視人為的清規戒律，他們總是把注意力集中在自己的內在潛力上，因此他們才可以毫無拘束、最大限度的發揮自己的積極性。

5‧自信而又不要排他

成功者更注意的是如何在自己原來的基礎上不斷改進自己的工作，而不是醉心於如何打敗競爭者。如果為競爭對手的能力或優勢過度憂慮，就會不

擊自潰。

　　大多數成大事者所關心的是如何按照自己的標準竭盡全力做好工作，同時他們認為，團體能夠比個人更好的解決複雜的難題，因此願意讓其他人分擔一部分工作。

「關閉」時間工作更見成效

　　怎樣工作才更具成效？有些公司在辦公室之中實行「關閉時間」的辦法，就是你可以利用這段時間來籌劃你今天的工作，以便工作得更有效。通常的做法就是辦公室可以定出兩個小時的關閉時間，對外業務一切照常，但在此時間內辦公室內部人員停止互動。

　　工作人員在此段時期中不能互通電話，也不可以召開任何會議，但遇到真正緊急的事仍要處理；委託人、顧客和公司外的來訪者及電話也都照常接待。

　　這樣做有許多好處，因為在此兩個小時內，公司內部的人員不會打電話給你，也不會到你辦公室來。這樣你可以利用這段時間完成你要做的事。假如你曾經在週末到辦公室來工作，你能知道同樣一段時間，週末無人打擾會比平時完成更多的工作。

　　關閉時間辦法也是如此。不過需要強調的是這樣做的同時，對外一切業務都必須一律照常接待才有用。

高效需「笨鳥先飛」

　　常言道：「笨鳥先飛。」人們在處理一些事情的時候，最好能具備「高機

動性」。也就是說，你的行動要比別人預測的還要早，做好萬全準備，再全力以赴的完成它。

很多人都了解機動性的重要性，但卻沒有多少人能夠真正去實踐。比如常常聽到別人這麼說：「我也知道要多看書，增加自己的見聞，可是我太忙了，實在抽不出時間來。」或者是說：「我一直想把自己的專業學好，但不知道該到哪裡去上課？」其實這些都是被動型的人的觀點。一個主動型的人，他會想辦法擠出時間來看他想看的書，學他想學的東西，而不會先替自己找好藉口來逃避。而這類人也是人們所說的「笨鳥先飛」。

這就是說要提高自己的效率就必須努力克服自己的惰性，既然你的反應比較慢，那就讓你時刻呈現在一種奔跑的狀態中。這是一種很有效的方法，因為一旦你的進度比別人超前了，而且還能夠保持在領先的位置，你就會產生一種成就感，總想要一直跑在別人前面。

當然，這樣的代價就是當別人都在休息時，你也不能鬆懈，要不斷的努力。但為了成功，這樣的代價是很值得的。

零碎時間的掌控

不要認為零碎時間只能用來例行公事，或辦些不大重要的雜事。只要把握得當，最重要的工作也可以在這少許的時間裡來完成的。如果你的方式正確，把主要工作分為許多小的「立即可做的工作」，這樣你就可以隨時都可以做些費時不多卻很重要的工作。

如果你的時間因為那些效率低的人的影響而浪費掉了，請記著：這其中的過失在於你自己，別人只占用了一小部分。

小額投資足以致富的道理是被大眾所認可的，然而，人們卻不太注意，

零碎時間的掌握卻足以叫人成功。在人人喊忙的現代社會裡，一個越忙的人，時間被分割得越厲害，無形中時間也流失得更迅速，其實這些零碎時間往往可以用來做一些小卻有意義的事情。例如袋子裡隨時放著小記事本，利用瑣碎時間作個小結，就能省下許多力氣，而且隨時掌握自己的時間。

想想自己的工作還有什麼值得改進的地方，嘗試給公司寫幾條建議等。只要你善於發現，小時間往往能辦大事。

時間如同一個罐子，如果把幾塊石頭當做你已經有效利用的時間放進去，當然罐子並未被裝滿。接著你可以抓一些沙子撒進去，這下罐子看起來似乎是滿了，但如果你再往裡面倒一些水，罐子還是能容納的。

可見時間的總量是固定的，而對於每個人有效利用的部分來說，卻各有各的不同。有人只放進去幾塊甚至一塊石頭，有些人卻利用了沙子般的時間，而最善於利用時間的人已經能把時間看成水一樣運用自如了。當然，不能只顧著沙子和水，石塊還是最重要的，不要因小失大。這樣的時間掌控你行嗎？

適當減少工作

對於長期待在辦公室的職員來說，多數的時間壓迫感都是來源於自我的。這時你需要將自己的工作計畫表檢查一次，刪除一些不必要的事情。請你將最基本的問題自問一下：「這些事情真的有必要做嗎？」

不要以為自己超量工作是件好事。隨時自問一下手邊的工作是不是眼前最重要的，運用你的頭腦做一個有效的計畫，不要讓自己以投入的工作時間而自誇。不論處理家務或公事，盡你所能找到最好的捷徑，以便提高工作的效率。

　　不要把自己的時間安排得過度緊張。大部分人都有一種傾向，想在某段有限的時間裡達成超過能力的任務。在安排一個計畫之時，不將執行中免不了的錯誤及必須耽擱的時間也算進去，這種情形對工作並不是有利的。比較有效率的做法是，你所定的最後期限應該是工作本身預定完成時間之外的百分之三十，用此作為人為的錯誤、延誤及意外問題的處理。

　　另外，事事攬下來，只會產生低效率。你應該去選擇那些對自己真正有意義的工作。每個人都必須學會接受人的先天極限。我們不可能讓所有人都滿意，也不可能讓所有的人都認清自己能感到滿意的休息與工作的循環週期。這就像每個人都有自己不同於別人的個性一樣，你也有屬於自己的休息與工作的循環週期。如有些人早晨的精力最充沛，有些人在午後傍晚時分整個人的活動力與創造力進入最高潮。這就是說你可以將例行公事安排在精力平平的時候來處理，但是一旦到了工作的高潮時間，最好就是全身心的投入工作。

　　採取減輕壓力的若干預防措施，而不是等到你身心俱疲時再圖補救，因為前者是更有效率的辦法。

　　在工作中你應該學會與時間建立友善的關係。試著讓時間成為一種發揮創造力的工具，而不是視它為競爭的敵人。每當你定下合理的目標，並從容完成它之後，你該給自己一些鼓勵。如果你能找到別人沒有想到的方法來減輕工作負荷，避免耗時的活動或刪除不必要的步驟，你就可以贏得更多額外的時間，因為你的效率已經大大提高了。

　　以非常認真的態度將休閒時間安排在作息表上。這就是說不要隨時隨地都以工作問題為主，其他任何事情都因它而撇在一邊。因為在現實中，理想的生活方式不能光是將時間花費在積聚金錢上，到公園散步與拼全力衝刺跨

越另一個柵欄，兩者都是同等重要的。

掌握好有效的工作時間

一個人之所以成功，時間管理是非常重要的關鍵環節，如果你想要成功，就必須讓你的時間管理做得更好，要把時間管理好，最重要的就是做好以結果為導向的目標管理。

只有把時間管理好，才能夠達到自我完善，並進一步提升自我價值。假如每個人每天節省二小時，那麼一週就至少能節省十小時，一年節省五百小時，則工作效率就能提高百分之二十五以上。

這時你需要明白，要成就一件事情，一定要以目標為導向，才會把事情做好。此外，你還需要把握現在，專注今天，每一分每一秒都要好好把握。想要做一個工作高手，第一就是工作表現，要有能力去完成工作，而非只強調其努力與否；另外就是重視結果，凡事一定要以結果為導向，做出成果來。時間管理好，能讓人更滿足、更快樂，賺取更多的財富，實現更高的自我價值。

有效的個人時間管理還必須對生活的目標加以確立。先去面對並發現自己生活的目標在何處，不時問問自己：「為什麼而忙？」「到底想要實現什麼？完成什麼？」問自己這些問題對自己的生活的啟發作用。接下來應要求自己「凡事務必求其完成」，未完成的工作，第二天又回到你的辦公桌上，你還得花時間去再做一次。

你是否了解時間管理的原則呢？下面給你幾點建議。

1. 設下工作及生活目標，排好優先次序並照此執行。
2. 每天把要做的事情列出一張清單。

3. 停下來想一下現在做什麼事最能有效的利用時間，然後立即去做。

4. 做事力求完成。

5. 立即行動，不可等待、拖延。

盡職盡責的工作方略

有一份英國報紙刊登了一則招聘老師的廣告：「工作雖然輕鬆，但要全心全意，盡職盡責。」

事實上，不僅教師如此，所有人對工作都應該全心全意、盡職盡責。這正是敬業精神的基礎。

一個人無論從事何種職業，都應該盡心盡責，盡自己的最大努力，求得不斷的進步。這不僅是工作的原則，也是人生的原則。如果沒有了職責和理想，生命就會變得毫無意義。無論身居何處（即使在貧窮困苦的環境中），如果能全身心的投入工作，最後就會獲得經濟自由。那些在取得成功的人，一定在某一特定領域裡進行過堅持不懈的努力。

知道如何做好一件事，比對很多事情都懂一點皮毛要強得多。在德克薩斯州一所學校作演講時，一位總統對學生們說：「比其他事情更重要的是，你們需要知道怎樣將一件事情做好；與其他有能力做這件事的人相比，如果你能做得更好，那麼，你就永遠不會失業。」

一個成功的經營者說：「如果你能真正做好一枚別針，應該比你製造出粗陋的蒸汽機賺到的錢更多。」

許多人都曾為一個問題而困惑不解：明明自己比他人更有能力，但是成就卻遠遠落後於他人？不要疑惑，不要抱怨，而應該先問問自己一些問題：

1. 自己是否真的走在前進的道路上？

2. 自己是否像畫家仔細研究畫布一樣，仔細研究職業領域的各個細節問題？

3. 為了增加自己的知識面，或者為了給你的老闆創造更多的價值，你認真閱讀過專業方面的書籍嗎？

4. 在自己的工作領域是否做到盡職盡責？

如果你對這些問題無法做出肯定的回答，那麼這就是你無法取勝的原因。如果一件事情是正確的，那麼就大膽而盡職的去做吧！如果它是錯誤的，就乾脆別動手。

那些技術不熟的泥瓦工和木匠，將磚石和木料拼湊在一起來建造房屋，在這些房屋尚未售出之前，有些已經在暴風雨中坍塌了；術業不精的醫科學生不願花更多的時間學好技術，結果做起手術來笨手笨腳，讓病人冒著極大的生命危險；律師在讀書時不注意培養能力，辦起案件來捉襟見肘，讓當事人白白花費金錢……這些都是缺乏敬業精神的表現。

無論從事什麼職業，都應該精通它。讓這句話成為你的座右銘吧！下決心掌握自己職業領域的所有問題，使自己變得比他人更精通。如果你是工作方面的行家高手，精通自己的全部業務，就能贏得良好的聲譽，也就擁有了一種成功的祕密武器。

某人就個人努力與成功之間的關係請教一位偉人：「你是如何完成如此多工作的？」「我在一段時間內只會集中精力做一件事，但我會徹底做好它。」

如果你對自己的工作沒有做好充分的準備，又怎能因自己的失敗而責怪他人、責怪社會呢？現在，最需要做的就是「精通」二字。大自然要經過千百年的進化，才長出一朵豔麗的花朵和一顆飽滿的果實。但是，年輕人隨便讀幾本法律書，就想處理一樁樁棘手的案件，或者聽了兩三堂醫學課，就

急於做外科手術，那怎能成功？

　　學生時代一旦養成了半途而廢、心不在焉、懶懶散散的壞習慣，運用一些小伎倆來矇混過關，欺騙老師，步入社會，就不可能出色的完成任何任務。去銀行做事總是遲到，人們會拒付他的票據；與人約會時總是延誤，會讓人大失所望。如果一個人認為小事情是不值得認真對待的，那麼如果他想著書立說，必定漏洞百出。一些人從來不會認真的整理自己的論文和書信，所有的文稿和信件散亂的堆放在書桌上，做事時他就會缺乏條理，不講究秩序，思維也不周密，結果是連自己最基本的立場、原則和態度都會喪失，也會失去他人對自己的信心。

　　這種人註定會失敗，家人和同事也會為他們感到沮喪和失望。如果這種人成為主管，將會造成更惡劣的影響，其下屬也必定會受到這種惡習的傳染 —— 當他們看到上司不是一個精益求精、細心周密的人時，往往會群起而效仿。這樣一來，個人的缺陷和弱點就會滲透到整個事業中去，影響公司的發展。

　　一位先哲說過：「如果有事情必須去做，便全身心投入去做吧！」另一位哲人則道：「不論你手邊有何工作，都要盡心盡力的去做！」

　　做事情無法善始善終的人，其心靈上亦缺乏相同的特質。他不會培養自己的個性，意志無法堅定，無法達到自己追求的目標。一面貪圖玩樂，一面又修道，自以為可以左右逢源的人，不但享樂與修道兩頭落空，還會悔不當初。

　　做事一絲不苟才能夠迅速培養嚴謹的品格、獲得超凡的智慧，它既能帶領普通人往好的方向前進，更能鼓舞優秀的人追求更高的境界。

　　無論做何事，務必竭盡全力，因為它決定一個人日後事業上的成敗。一

個人一旦領悟了全力以赴的工作能消除工作辛勞這一祕訣，他就掌握了打開成功之門的鑰匙了。能處處以主動盡職的態度工作，即使從事最平庸的職業也能增添個人的榮譽。

每天一個計畫

你最好為你每一天的工作制訂一個計畫，否則你就只能被迫按照不時放在你桌上的東西去分配你的時間，也就是說，你完全由別人的行動決定你做事的優先與輕重次序。這樣你將會發覺你犯了一個嚴重錯誤 —— 每天只是在應付你的工作。

為你的每一天制定出一個大概的工作計畫與時間表，尤其是你當天應該完成的兩三項主要工作。其中一項應該是使你更接近你最重要目標之一的行動。在星期四或星期五，照著這個辦法為下個星期作同樣的計畫，這麼一來，你會收到意想不到的效果。

在工作中，沒有任何東西比事前的計畫能促使你把時間更好的集中運用到有效的工作上來。不要讓一天繁忙的工作把你的計畫時間表打亂。所以你需要做一張日程表，日程表不僅僅對於那些所謂的老闆有用，它同樣也可以讓每個職員都能從中獲利。

在使用日程表時，你應注意待做事項有一個很大的缺點，那就是你通常根據事情的緊急程度來安排。它包括需要立刻加以注意的事項，其中有些事項很重要，有些卻並不一定。但是它通常不包括那些重要卻不緊急的事項，如你要完成但卻沒有必要馬上完成長遠計畫中的事項和重要的改進項目。因此，你一定要花一些時間來審閱你的「目標表」，看看你現在所做的事情是不是有利於你要達到的主要目標，是否與其一致。

在結束每一天工作的時候，你很可能沒有做完待做事項中所列出的事項，但是你不要因此而心煩。如果你已經按照優先次序完成了其中幾項主要的工作，那麼這正是時間管理所要求的。

人生若沒有目標，只會任由環境影響，而非自己影響環境。根據某一所著名大學的研究，只有百分之三的學生為自己訂下目標，而其他的學生則沒有。其經過長時間的研究指出，當初訂下目標的百分之三的學生，其成就遠超過其餘百分之九十七學生的總和。

一般人不願為自己設定時間目標的原因是什麼呢？常常是由於怕萬一達不到會有挫折感；或是認為每天過得好好的就可以了；或是誤將行動當成就；或是每天忙來忙去，好像很有成就感。其實行動不等於成就，有結果才算有成就，所以一定要設定成就目標。

要實現目標，你應該做到以下幾點：

1. 消除恐懼：不要擔心失敗，認同每個人一定要有「目標」這個想法。
2. 堅持目標：若不堅持，任由挫折、打擊所擺布因而放棄，則永遠達不到預定的目標。因為一個希望追求成功的人必須能堅持、絕不放棄，才會成功的達到目標。
3. 寫下目標：通常用想的還是不夠，一定要寫下你的目標，才能加深印象，進入我們的潛意識。
4. 擬定計畫：依據目標之優先順序擬定計畫，對計畫設定優先等級和先後順序。
5. 馬上行動：確實做，馬上做。除掉障礙，尋求合作，充實知識，決定關鍵步驟。

人類因夢想而偉大，要做偉大的夢，並使它們實現。每天早上重寫一遍

你的目標，每天晚上審查這些目標；每天如此做，這樣才會進入你的潛意識。

改變不良的工作習慣

有些人做事往往時間用得不當，而且他們在很多特定事務上都是如此，因為這通常是他們根深蒂固的行為模式。要想有所改變，就必須改變那些多年形成的行為模式。

對於大多數人來說，要認識到的重要一點：任何事後一可以使你感到愉快的行為，往往會鼓勵你掌握時間去做，而且更有可能再度去做。你可以從別人那裡得到鼓勵，也可以給自己某種獎賞進行自我鼓勵。這往往展現在當你完成一項困難或乏味的工作之時。繼續去做一項優先工作，而不躲避它去做次優先的工作；著手去做一項令人不愉快的工作；拒絕一項與主要工作無關、而且做起來又會耗費時間的要求等。

你要為每一次「小」的成功獎賞自己，而不要專等「大」的成功。你要樹立這樣的一種行為觀念，就是一旦你開始做某項工作，就要把它做好，不要半途而廢。當然，如果工作一環套一環，而不能一次做完，這項建議就不大適用，那麼這時你就需要另找一種方法。

一般情況下，你可採用「各個擊破」法。把這件工作化解成若干個部分，最好用文字記錄下來，然後強令自己完成一段後再間歇一下。這樣在每告一段落的時候，你就不會覺得頭緒紊亂，而且會覺得離大功告成不遠了，隨時都可以卯勁做下去。

把工作分成若干環節或若干段落去做，你就會養成一種強制去完成的良好行為方式，並為你每天省下很多時間。

如果拖延是你行為方式中的主要問題，那你就要改變行為方式，不能再

拖延了。當你發覺自己在拖延一項重要的工作時，你可以盡量把它分成許多小而易於立即去做的工作，而不要強迫自己一下子完成整個工作，但要做好你工作表中所列的許多「階段工作」中的一項。

「分階段各個擊破」的原則不只可以用在作戰計畫之中，也可以用於工作之上。只要你動動腦筋，任何事都可以迎刃而解。

當你決定改變一切時就立即開始，不要想一下子完全改變自己，現在就要強迫你自己去做你所拖延的事情之一。然後從明天起，每天早晨開始，就做「待做事項」中令你感到最不愉快的其中的一項。

一天雖然過去了一段時間，但你已經辦好你一天必須做的最令你不愉快的事情，這樣你就會有一種輕鬆愉快的感覺。幾天後，你就會覺得這是一個好辦法，並堅持下去，直到自己感覺很自然。

雖然你第一天只強迫自己照這個辦法去做一次，但是你不久會發覺這會影響到你一整天的決定。別人每交給你一項不愉快的任務，你都會渴望把它先解決掉，好迅速得到解決此類工作之後的那種愉快感。

培養創新精神

因循守舊、墨守成規，缺少新的思路，缺乏創新精神是一些公司老員工的作風。如果要得到上司的賞識，只在「守」字上做文章是達不到目的。現代經濟社會的發展日新月異，只躺在原有的基礎上睡大覺，終將被歷史所淘汰。長江後浪推前浪，一代更比一代強，要想跟上時代的潮流，就要有創新的精神。

創新精神不僅對自己的形象、聲譽、能力和前途有利，也會對公司有利。上司會感到你對公司的熱誠和責任感。不論你的建議是否被採納，你這

種勇於創新、敢於嘗試的精神對公司的發展都將是至關重要的。

創新精神不是與生俱來的，而是與個人的能力和工作方式息息相關的。要培養創新精神，應從以下幾個方面做起：

1·不斷豐富自己的知識

無論你現在擁有多少專業知識，多高的學位，或有多少證書，都不能停止對知識的追求。學無止境，學海無邊，知識是學之不盡，用之不竭的。

事實上，在公司裡你具備的條件，別人也可能同樣具有，怎樣才能在眾多同事之中脫穎而出，那就是抓緊時間擴大自己的知識領域，為創新打下堅實的基礎。你不僅要做好專業人才，也要具備多項技能，擴大升遷管道。

2·合理安排工作和休息

只顧拚命工作，而不注意適當休息，無論你的身體多麼強壯都會有倒下的一天。對於「拚命三郎」的工作作風，上司表面上會大加讚許，實際並不欣賞。要學會工作，也要學會休息，只有這樣才能後繼有力。不少人到達公司後，首先做的事是抹桌椅、喝水、整理案臺，然後開始與同事聊天，最後才打起精神來工作。這種表現在上司眼裡被認為是浪費工作時間。因此，你如果在這種環境中工作，千萬不要照常規去作，要有一套自己的工作方法。

3·靈活的安排工作

你要學會適應環境，調整自己平時的工作時間表，以便符合工作效率和品質的要求。只依照接受工作的次序來安排工作，墨守成規、缺乏創新精神，不僅會影響效率，而且還有可能得罪客戶和同事。具體問題要具體分析，合理安排自己的工作，靈活掌握這些規律，才能取得最佳效果。

4·要有良好的敏感度

對事物要有敏銳的觀察力的感知性。靈感往往稍縱即逝。無論從事何種職業，都離不開與社會的接觸，有接觸就會有碰撞，有碰撞就會產生火花，這一剎那的火花，也可能是一個新的創意，它可能會給你增加升遷的機會。

5·要跟著上司的感覺走

如果你的上司是一個喜歡創新、主張進取的人，那麼你不妨多做一些創新嘗試，無論試驗成功與否，上司都會覺得你是個有能力的職員。

如果你的上司是個因循守舊的人，也不一定就代表他不喜歡創新精神。雖然他不想品嘗失敗的滋味，但為了公司的發展也會贊成員工積極創新。不過，你千萬要注意提高創新的成功率。

不斷激勵自己

當你發現自己有某種壞習慣時，你就應該立刻停止，做一下深呼吸，然後採取合適的方式去進行。例如：如果你的目的是清理桌面，但是你發現你依然往桌面上亂放東西，請立刻停止工作，馬上清理你的桌面，然後再開始工作。也許這樣做要花上一些時間，但是從長遠的眼光來看，一旦你將桌面整理得井然有序，以後就可節省很多時間。

而當你發現自己優點的時候，你卻需要不斷激勵自己。獎勵你的成功，不要苛求你的失敗。如果你要寫一篇講演稿，那麼在下筆之前先要鼓勵自己，然後每完成一段，就慶祝一下。到外面吃一頓美餐或是讚美自己。在演講完畢後，更別忘了好好自我勉勵。這樣會更有利於你成功。

充滿對習慣的嚮往和熱情。假想一下你已開始實施你的新計畫，在每天

結束前將所有的文書工作做好，遇到問題時能妥善的加以解決。由於你能按時做事，因此，就會有更多的閒置時間可以享用。不時想一下新習慣會給自己帶來些什麼，這樣可以增強堅持下去的勇氣。

同時你還需要不時的肯定自己，這樣會增加自己堅持的信心，當然同時也不能有一意誇大自己的成績，那樣只是一種自我欺騙。

讓一切有所改變

假如你既沒有做偉大事情的意識，又沒有經驗，而且曾經在無知中遊蕩，也曾跌進過顧影自憐的深淵。那麼你該怎樣讓一切有所改變呢？事實上，這個答案很簡單。在沒有知識和經驗的情況下，開始你的旅程。在習慣的問題上不要把經驗的價值看得太高，因為每個人的習慣都各不相同。

從某種意義上說，已經失敗的人和已經成功的人之間，唯一不同之點，在於他們不同的習慣。良好的習慣是一切成功的鑰匙，不良的習慣是邁向失敗敞開的門。因此要遵守的第一法則就是：養成好習慣，全心全力去實行。因此如果決定要全心全意服從習慣的話，一定要全力的服從於好習慣。

你要學會時常大聲告訴自己：我要養成良好的習慣，全心全力去實行。那麼如何讓這一艱難而偉大的事業實現？就是革除生活上的壞習慣，換成一種能將你帶人成功之路的好習慣。記住，只有養成一種新的習慣才能抑制另一種舊的習慣。

習慣不是你的影子，但它與你親密無間。成功和失敗，對它毫無差異。培養它，它會為你贏得世界。放縱它，它會毀掉你終生。日積月累，很多壞習慣就會深入你的潛意識中，要想成大事，就必須有信心、有力量去改變它。因此，你必須有一面心鏡，照照自己，看有哪些壞習慣，哪些習慣使你

不能好好工作。

改掉壞習慣確實很難，就如河流很難改變天長日久而形成的河道一樣，習慣是你心靈的河道，一旦形成很難改道，但並不是不可能做到。如果你有足夠堅強的意志力，並採取簡單有效的措施，你就可以開闢新的管道即用新的好習慣代替原有的壞習慣。

如何增強敬業精神

懶惰永遠是成功的天敵。在確立目標之後，如果缺乏行動的熱情和執著的勇氣，目標永遠是空中樓閣。人如果缺乏敬業精神，他就永遠也不可能創造出任何成就。

自古以來，成就大業的人，多是克勤細務的。諸葛亮當宰相的時候，事必躬親，事情無論大小都要親自決定，可謂鞠躬盡瘁了。周文王非常聖明，從早到晚都在處理政事，甚至沒有時間吃飯、休息。

敬業，就意味著對事業全身心的投入，意味著承受常人所不能承受的痛苦，意味著長時間的艱苦勞動，意味著可以接受前進中的任何挑戰。

日本人被認為是世界上最具敬業精神的群體，他們有一句名言：「世上的一切困難遇到工作狂都會不攻自破！」美國聯邦調查局在事關國家安全的一次調查中得出一個輔助資料：那些控制美國經濟命脈的老闆們，在創業時投入工作的時間每天在十七個小時以上，而當有某個具體目標需要執行時，這個平均數將上升到每天二十二個小時。他們近乎瘋狂的工作態度，來源於敬業精神。

每個人都有遇事執著的時候，如果能將之化為工作上的動力，那就是敬業。對工作的專注會使你心無旁騖。所以你要警惕自己是不是在不自覺中喪

失掉了這一寶貴的精神財富。

痛苦的回憶在我們獲得成功之後就會覺得興味無窮，這就是失敗給我們的啟示往往要大於成功給我們的啟示的關鍵之處。心理學研究表明，挫折在人心中的記憶將是長久的。

「一朝被蛇咬，十年怕草繩。」失敗的遭遇在記憶中的印記之深，遠不是成功之後的喜悅所能比擬的。當我們被日益繁重和枯燥的工作壓得喘不過氣來，漸漸變得麻木的時候，唯一能拯救我們的是重新喚起敬業精神。

每個人會對家園有眷戀之意。我們之所以喪失進取的信心，在工作面前提不起鬥志，是因為我們的內心再也找不到美麗的精神之所。那些雄心、毅力、興趣、關愛之花不在心中成長，我們就不可能擺脫失敗的糾纏。

政治家的使命感是治國安邦，軍事家的使命感是戰勝敵軍，企業家的使命感是創造財富。使命感是敬業的推動力。敬業精神不僅是一種觀念被深植在我們心中，它還應當是可以培養的，可用量化的指標表示出來。這樣我們可以精確的知道，在培養和鍛鍊敬業的精神方面，我們還需要做出哪些努力。

1. 興趣的培養：只有對對象產生興趣，才有可能將我們的才智傾注其中。

2. 意志的錘鍊：遇到困難時，將障礙列出。從最容易的難題著手，解決它，其次是較容易的，最後是最困難的。解決完具體的難題之後，可以輕鬆一下獎勵自己。

3. 成果總結：將你對付困境的例子記錄下來，分級別的歸類。最困難的歸入 A 級，其次難的為 B 級，再次為 C 級。這表明，在你眼裡，最困難的事情已經越來越少了。

　　當解決問題成為一種樂趣時，工作不再是負擔，而是控制成就感的大寶庫，這時候敬業之苦不是成了愛業之樂了嗎？

　　真正敬業的人專注於事業，會以苦為樂，這是旁人無法體會的。當我們在球場上奔跑而上氣不接下氣、痛苦不堪時，我們無法理解職業球員汗流浹背時的豪邁之情。職業球員在球場上揮灑熱情展現才華是透過勞累肢體來實現的。當熱情充盈於胸時，敬業精神自然而然的會從他們的行為中表現出來。

第四章
做個老闆喜歡的員工

　　沒有誰會願意與一個自己不喜歡的人在一起工作，老闆當然也不能例外。在職場中，想要得到別人的肯定，首先要讓別人「喜歡」上自己，這樣才能使你為別人所接受。但是不管與任何人相處，你都需要付出的比別人多，你需要注重的也將更多，這樣才能使你更快的走向成功。

老闆賞識什麼樣的人才

企業在激烈的競爭中若想謀求發展，對人才的選拔也越來越嚴格起來。企業往往青睞具備以下特點的人才：

1・有主見

凡事都向老闆請示，不負責任或害怕負責任的人，通常都缺乏創造性，所以他們對於企業的發展沒有什麼好處，更不可能為老闆分擔工作，去做一些富有建設性和創造性的事情。而那些在工作中有主見，勇於開拓創新的人，才是有創造潛能的人，他們給老闆們帶來的收益是高附加價值的。

2・尊重上司

永遠不要忘記你老闆的時間比你的更寶貴。當他交給你一項特殊任務時，請記住不管你正在忙什麼，老闆交代的工作更重要。如果他出現在你的面前，你正在打電話，請馬上掛掉。讓老闆等候哪怕一秒鐘時間都是一種缺乏尊重的表現。當然，如果，你正在與客戶談一筆重要的生意，那麼你在接電話的同時，要對老闆的出現做出反應，用目光交流，用嘴形告訴他你正在與客戶談生意或快速寫張紙條說明一下。

3・穿著得體

衣著得體，修飾得當，並具有良好的個人衛生習慣非常重要。公司職員的衣著，特別是高級職員的衣著與週末休閒時的隨意和摩登恰恰相反，它是保守和反摩登的。如果你的穿著像一名高級經理，人們在與你交談時便會不自覺的把你視為一個重要的談話對象。

4‧保持冷靜

在任何情況下都能保持從容冷靜的人，往往會贏得榮譽。老闆和客戶都非常欣賞那些在困難或緊急情況下能出色完成工作的人。如果你始終保持從容冷靜，那麼一旦發生問題，你也能很快找到解決辦法，而且能在老闆和同事面前會使你變得精力旺盛，工作起來有條不紊，成為一名訓練有素的職業能手。

5‧當機立斷

一旦你成為決策者，作決定時要快速而堅決，不要優柔寡斷或過於依賴他人的意見。小心謹慎的權衡意見，及時迅速的做出決定是成功決策者的必要條件。

6‧任勞任怨

將「那不是我分內的工作」這句話從你的字典中刪掉。當老闆要你接手一份額外的工作時，請把它視做一種讚賞。這可能僅僅是一個小小的考驗，看看你是否能承擔更多的責任。那些不願做額外工作的雇員，事業將會停滯不前或被那些任勞任怨、熱情而勤奮的同事淘汰。千萬不要對你的老闆說「不，我沒時間。」那聽起來就像你不願服從他，你應用「我真的很想做這項工作，但是你想讓我先完成哪一項工作呢」來回答。

7‧亡羊補牢

一旦工做出現失誤，要快速對情況做出評估，制定出控制損失積極的可行性計畫，然後直接找老闆告知問題所在以及你準備採取的解決辦法。絕不要沒有準備好你自己的建議就帶著「我該怎麼辦」的問題去找老闆。

8‧樂觀開朗

沒有人喜歡滿腹牢騷的人。人們更願意同樂觀開朗、生活態度積極的人交往。在你最沮喪的日子裡,也要向老闆和同事顯示出你最快樂的一面。

9‧敬業

表現為做一行愛一行,而那些這山望著那山高、常常「跳槽」的人,就很難講敬業了。從一般情況看,愛「跳槽」的人,對企業自身的相對穩定和管理工作,總會帶來這樣或那樣的麻煩,自然不受老闆們歡迎。

10‧有一技之長

有一技之長本身就說明個人素養,尤其是在職業素養超過一般人。如果能夠創造一個恰當的環境,他仍舊可以成為企業的核心人員,甚至成為老闆們的得力助手。就價值而言,這些人的含金量高,是企業蓬勃發展的依託。

11‧綜合素養強的畢業生

現在的用人公司,尤其是比較靈活的企業,用人比較開放,喜歡特別的、有潛力的畢業生。

12,實踐應用能力強的人才

「來即能用,用即能戰。」企業普遍歡迎有較強動手能力、實踐能力的畢業生。而專業性強的研發部門則希望畢業生有獨立的思想,能提出問題。

擁有一定的胸懷和氣度

小黃到一家生產、經營電子產品的公司應聘行銷企劃人員。到了那裡一

看，應聘這個職位的有二十餘人，文憑大多比小黃的高。既來之，則安之，小黃這樣想著。小黃很坦然的回答了主考人員的各種刁鑽提問後，便與其他應聘人員一起靜靜的等待結果。

突然，一名倉庫的負責人急急的跑進了考場，向招聘經理求援，說外面起了風，要急著裝車送貨。招聘經理便請來應聘的眾人去倉庫幫忙裝車，大家便跟了過去，很賣力的幫著裝車。

一會，總經理來到倉庫，問哪來這麼多幫忙的，招聘經理如實相告。總經理轉身大聲訓斥道：「誰說要招人了，不是說過了，過一段時間再招聘？」

裝車的許多人一聽就火了：「這不是找麻煩嘛！不做了，不做了。」說著便憤憤的扔下手中的貨箱，一窩蜂的往外走。唯獨小黃在大夥的譏笑中留了下來，他雖然對該公司的招聘意見不統一也有看法，但覺得既答應了幫忙那就要幫到底。

當貨終於裝完了，小黃洗了洗手準備回去。

這時，招聘經理走了過來握住小黃的手，微笑著說：「祝賀你，你透過了考核。你被聘用了。」小黃這才恍然大悟：原來這是精心安排的一道考題。

據說古羅馬有個皇帝，常派人觀察那些第二天就要被送上競技場與猛獸空手搏鬥的死刑犯，看他們在等死的前一夜是怎樣的表現。如果發現的犯人中，有能夠呼呼大睡而且能面不改色的人，便在第二天早上將他釋放，訓練成帶兵的猛將。

有一家著名的日本公司，在每年冬天的時候，都送自己的員工到寺廟裡接受戒律的考驗。受訓期間，學員要忍受沒有暖爐的嚴寒，夜裡不准躺著睡覺，坐禪時稍有不專心，就要以戒板抽打背部，且不許喊痛。正因為如此，他們能忍別人所不能忍，專注於別人所不易專注，因而在國際商業舞臺上有

傑出的表現。

　　一個人的胸懷、氣度、風範，常常可以由細節中表現出來，這是一種特質，同時也是老闆們考察下屬的第一特質。

老闆發出的指令要重視

　　指令傳播環節由兩部分組成。當你開始從事一份新的工作時，在工作的常規方面，你會接受指導並處於密切監督之中。隨著你的工作逐步取得進展，你獲得了工作、思考和創造的自由。儘管如此，當問題出現時，還會有一個老闆在場幫你解決問題。這是指令傳播環節的一個方面，也就是成批的員工得到監督和幫助，老闆給他們以指導，為他們設定工作目標，從而使他們在努力工作後獲取經驗。

　　指令傳播環節的另一方面便是尊重秩序和組織，也就是說在公司中它們是同樣重要的。從企業管理者的觀點看問題，在指令傳播環節中的操作謀略是盡量減少日常接觸而又能了解企業內部發生的事情。在那些新到的員工和地位較低的員工眼裡，指令傳播環節似乎是神祕的、強大的，甚至是不必要的，所以老闆們的任務就是要使那些員工們了解指令傳播環節是如何正常運轉的，為什麼必須尊重指令傳播環節和如何在企業內部進行運作。

　　有時指令傳播環節的執行狀況良好，可僅僅表現為單向執行情況良好。也就是說，下級工作人員被特定的規則和紀律所約束，提出的革新、投訴、建議或問題都必須逐級呈遞上去。然而，企業高層管理者們卻並不按相同的指令傳播環節行事。而這樣做導致的結果便是使中層管理人員處於一個困難的境地。我們常常會看到這樣的情況，在一家公司裡，總裁每想起要做什麼，就直接跑去找有關員工，親自對他下指令，並總要優先解決。而經理們

常發現他們原先要求急辦的事被總裁親自交辦的任務搶先了。

外交手腕和自我保護意識，使你不會用對付下級的同樣方法去處理這一問題。你不能直截了當的指出老闆在違反指令傳播環節。

可能你在作了所有這些努力之後，仍不得不容忍一個不受組織規則約束的老闆的所作所為。但在這種情況下，你可能除了接受現狀外別無選擇——在一個規模不大的公司裡，老闆的辦公室與所有員工的辦公桌僅幾尺之遙，這位老闆可能直接就向你的屬下提出要求而不顧及指令傳播環節。同樣，按照這一彈性規則，小公司裡的員工可能直接把問題或請求向老闆提出。在這樣的環境裡，你試圖把正經八百的規則用在小企業頭上，那只是一廂情願的事。

恭維老闆要適當

老闆最需要的就是權力與榮耀，最喜歡的是懂得恭敬他的下屬，因而聰明的下屬總是抬著老闆上路，讓老闆感到做老闆的優越感，心裡十分受用。平時給足老闆面子，自己也有無盡的好處，但是恭維老闆也要適當，否則會適得其反。這時你需要注意以下幾點：

1‧站起來對老闆說話

如果老闆問話時，你熟視無睹，繼續坐在座位上，對老闆的問話，不加重視，必會造成老闆對你的不滿，認為你驕傲自大，對他不夠尊重。這樣的結果，你想要嗎？

2‧永遠對老闆恭敬

任何一個公司的老闆都希望企業內部上下級之間保持一種良好的、和諧的關係，但絕不允許超越他們之間上下級的關係，也就是說，他必須要保持自己特有的尊嚴和威信。

所以，與老闆做好關係要恰到好處，不能與老闆太親密，否則會對你不好。與老闆交往，最妥當的方法是走中庸道路，既不要轟轟烈烈，也不要默默無聞。讓老闆感覺到你的存在，但不要讓他覺得你無處不在。

3‧多向老闆請教

對於老闆職責範圍內的事情，無論你本人多麼有能力，也絕不可擅自做主，私下處理，搶了老闆的面子。如果沒有，從今天起，你就應改變，盡量的發問。一個未成熟的部下，向成熟的老闆請教，是理所當然的，並不可恥。

有心的老闆，都很希望他的下屬來詢問。下屬來詢問就表示他在工作上有不明之處，而老闆能解答，這會使他很有成就感，而且可以減少錯誤，老闆也才放心。

當然凡事無論大小都向老闆請示的做法是不明智的，老闆的主要精力是管理大事和把握方向的，無關緊要的小事會讓他產生權威被降低的感覺。向老闆請示的問題必須是關鍵性的有價值的，這樣才能更好的使老闆感受和體會到自己的權威。

忠誠永不褪色

長久以來，忠誠都是人們永為傳頌的美德，但不幸的是，職場中的忠誠

已不再是當前流行的時尚。人們認為忠誠只有對業務忠誠，或對專業協會或團體，不是對給他們發薪資的公司，這已逐漸形成一種趨勢。下面就是幾個有關這種態度是怎樣發展起來的情況。

1．社會上迫切需要水準高的專業人員，競爭激烈

招聘不限於來自大學或學院的畢業生。在充分就業時期保持一份工作並不重要，因為很多工作職位都需要合適的人選。如果在企業內部找不到理想位置，他們可以到另一家公司，去尋找適合他們的職位，並且得到更高的薪資。

2．企業從外面招聘工作人員

產生這種情況的原因是本公司對原來職工的缺點已有所了解，對外來人員則很不清楚。這些人也有缺點，但尚未被發現，挑選時就無從考慮。

3．企業出於對合併、緊縮或被收購的擔心

他們過去忠於組織，忠於企業，可是在合併或被收購後，他們與公司的其他資產被放在一起轉嫁給了別人，他們的心理不能平衡。合併或被收購和動產的轉移，其實與球隊按最高標價出售沒有什麼不同。

到一個公司去工作，並不意味著終生將待在那裡。但當你還在這公司時，你應該展現出你的忠誠，除非由於他們自己的原因，不值得你去忠誠。

但是，忠誠是人類永不褪色的品德。你不能因為有一天它可能不為人欣賞或接受，甚至顛倒過來而抑制它。這和誠實一樣，不能因為有一天你可能被欺騙而丟棄它。好的品德本身就是一種回報。

服從即忠誠

服從也分善於服從、善於表現的問題。你認真的回想一下就會發現這樣一個事實：在企業或公司裡，同樣都是服從老闆、尊敬老闆，但每個人在老闆心目中的位置卻大不相同。為什麼？這個問題的關鍵是你是否掌握了服從的藝術。有的人肯動腦筋，對老闆安排的任務，在完成的過程中勤彙報、勤請示。古人說：好人出在嘴上。這樣主動出擊，經常能讓老闆滿意的感受到他的命令已被圓滿的執行，並且收穫很大。相反，有的人卻僅僅把老闆的安排當作應付公事，被動應付，或我只要認真完成了任務就可以了，不重視資訊的回饋，甚至「先斬後奏」或「斬而不奏」，甘當無名英雄，結果往往是事倍功半。

為了表現自己的忠誠，員工應以主動服從為第一要義。在具體工作中應從以下幾個方面有所表現：

1·積極配合有明顯缺陷的老闆

我們所處的時代，是科學文化技術迅速發展的時代，有些老闆原來學歷基礎較差，專業知識不精。這樣的老闆，在下屬心目中的位置就不高，越是這樣，越對下屬的反應敏感。你不妨借鑒他多年的管理經驗，以你的智慧與才於彌補其專業知識的不足，在服從其決定的同時，主動獻計獻策，既積極配合老闆工作，表現出對老闆的尊重與支援，又能施展自己的才華。英雄有了用武之地，成為老闆的左膀右臂，老闆不但會記住你，更會感激你。一分汗水，一分收穫，何樂而不為呢？

2 · 在服從中顯示才智

老闆非常重視那些才華出眾的「專家」型下屬人才。因此，他們服從與否，直接決定老闆的決策執行水準和特質。所以，如果你真有水準，想發揮自己的聰明才智，就應該認真執行老闆交辦的任務，巧妙的彌補老闆的失誤，在服從中顯示你不凡的才華。這樣，你就獲得了好於他人的優勢。智慧加智取，會使你成為老闆心理天平上一枚沉甸甸的籌碼。

3 · 勇於承擔任務

當老闆交代的任務你執行起來確實有難度，其他同事又不願承擔時，你要有勇氣出來承擔。記得有位大學生臨畢業應聘時去請教他的教授，教授給了他一件法寶，那就是同老闆說：公司裡沒有人做的工作儘管分給我。這個大學生半年後成了公司的副總。

某企業單身職工姜某患肝炎住進了醫院，老闆動員同事們去做經常性護理。大家面面相覷，無人表態，老闆很尷尬。最後，有一位年輕的小夥子主動站出來，為老闆解了燃眉之急。老闆大為感動，會上表揚，私下感謝當然不在話下。可見，關鍵時刻服從一次，替老闆分憂解愁，勝過平時服從十次，而且還會深深打動老闆，使其銘記在心。

4 · 主動爭取老闆的認可

很多老闆並不希望透過單純的發號施令來推動下屬開展工作。一位資深老闆曾說：請求老闆的下屬比順從老闆的下屬更高一個層次，這是一種變被動為主動的技巧，它不僅展現了下屬的工作積極性、主動性，還增加了讓老闆認識自己的機會。這種工作方式已越來越為現代型的老闆和下屬重視。

5‧關鍵地方多請示

聰明的下屬善於在處理關鍵問題時向老闆多請示、勤彙報，徵求他的意見和看法，把老闆的想法融入到自己的事情中。關鍵處多請示是下屬主動爭取老闆的好辦法，也是下屬做好工作的前提。

老闆的職權主要是把握工作大局，掌握關鍵環節。許多企業老闆層中不乏能力和精力超群的人，但即使是這樣，他們也不可能對管轄範圍中的所有事情、所有地方都關注到。一些很有辦法的領導者總是把自己從眾多紛繁複雜的具體事務中擺脫出來，專事總體管理和控制關鍵環節。因而，這些地方成為領導者關注和敏感的區域。

許多人並不了解領導者的這種心理，使自己的請示無的放矢，把握不住關鍵，凡事不論大小從不自己決定，統統推給領導者，給領導者增加了負擔。

可見，凡事無論大小都向領導者請示並不是明智之舉，領導者主要精力是管理大事和把握關鍵統領全面：無關緊要的事會讓他產生權威性被降低的感覺。因而，請示的問題必須是關鍵的、有價值的，這樣才能更好的使領導者感受和體會到自己權力的有效性和價值。

還有一些人喜歡自作主張，事無大小，只要領導者交給他辦，就不用領導者再過問了，一切由他包攬。也有人害怕請示，總是想：「我向老闆請示問題，他會不會覺得我水準低、獨立性差？」不請示害處更大，如果在關鍵處出了問題，下屬肯定是吃不了兜著走；同時，老闆也受到牽連，不能不承擔責任，結果對大家都不利。

對老闆要永遠保持熱情

正如奧格‧曼狄諾所說的那樣：「熱情是世界上最大的財富。它的潛在價值遠遠超過金錢與權勢。熱情摧毀偏見與敵意，摒棄懶惰，掃除障礙。熱情是行動的信仰，有了這種信仰，我們就會無往不勝。」與老闆相處時發揮熱情同樣能給自己帶來真正的自信。怎樣才能給老闆留下熱情的好印象呢？你需要做到以下幾點：

1‧每天提前上班，會給老闆留下積極而又熱情的印象

如果你剛進公司工作，每天都能堅持做到提前二十分鐘上班，會給老闆帶來積極熱情的印象。你可以準備一塊抹布，先把老闆和同事的桌子擦乾淨，最好不要去碰他們的文件、書籍等私人物品。

2‧比別人搶先一步，會給人以熱情積極的好感

電話鈴響了，你比別人先接；有客人來時，你先一步接待等等。事事比別人搶先行動，這樣，別人會認為你既熱情，做事又很積極。

3‧與老闆交談時，上半身前傾，可表現出你對所談之事的關切

做事時，你若想讓老闆產生一種熱心而積極的好印象，不妨擺出傾身的姿勢，表示你對所辦之事傾心關注的態度。

4‧聽老闆談話時做個記錄，表明你在專心聽老闆說話

要表現出你在專心聽取老闆談話的樣子，不妨運用這一大眾心理，邊聽邊記，表示你認為老闆的談話具有記錄的價值，這樣會博取老闆的好感。

5‧說話時帶有手勢，可表現出你很有熱情

了解歷史的人都知道希特勒是一個十分成功的演說家，他演說具有很強煽動性的原因之一，就在於在演說時他常常帶有誇張的表情和手勢，從而顯現出他與眾不同的獨特風格。

與老闆患難與共

如今已是一個碩士、博士滿街走的時代，最不缺的是人才，而最缺乏的是人心，尤其是能與老闆共患難的人。當然這樣的忠義之士也並不是像恐龍一樣已經徹底滅絕了，依然有極個別人，義字當頭，和老闆同生死，共存亡。因此，使其獲得了許多意外的收穫。

幾年前，張輝和王峰畢業後一起找工作，透過徵才活動兩個人到了一家電腦軟體公司工作，負責某種辦公軟體的設計開發。坦白的說，這個公司規模太小，連老闆在內是七八個人加上五六臺電腦。他們之所以願意去，一是離鄉背井急於安身，二是因為老闆給股份的許諾。老闆比他們大不了幾歲，看上去完全是一副書生模樣，態度很誠懇。

可是進去才知道，從他們的辦公條件就可以判斷：一間廢棄的地下室，陰暗、黴臭、潮溼，天一下雨，天花板上凝聚而成的水滴源源不斷的往下流，電腦上都要罩著厚厚的塑膠袋防水。連個廁所也沒有。出門就是熱炒店，油煙灌進來，燻得人流眼淚。

他們的產品市場前景看起來很好，但資金的瓶頸隨時可能將美好的夢想扼殺於搖籃之中。最要命的是，產品沒有知名度形成不了品牌，只好賒銷，款遲遲收不回來，資金儲備少，公司連員工的薪資都無法按時發放。

由此可見，這樣的公司與那些實力雄厚的公司很難競爭。三個月後，王

峰動搖了，勸張輝也不要做了，有的是好公司。別想股份了？老闆連他自己
都無法自保，哪裡還有股份給你？

實話實說，張輝也有些動搖，但是一看到老闆每天沒日沒夜的奔波和誠
懇的眼神，又不忍開口了。這就是創業的艱辛！老闆也是迫不得已。自己
過生日的時候，老闆在自己的家裡親自下廚為他過生日，還說了很多抱歉的
話，想起這些，他就不忍心走。他想，反正自己還年輕，就算幫幫老闆。即
使以後公司垮了，也算累積點人生經驗吧。無奈之下王峰搖搖頭自奔前程去
了。就在他走的那天，老闆還是借錢為他發放了全額薪資並為他餞行。令老
闆感動的是，張輝居然決定留下來，從那以後他們成了哥們。

可是沒過多久，公司資金斷裂，瀕臨絕境，留下的幾個人也走了，只剩
下張輝和老闆兩個人。看著老闆年輕而憔悴的眼神和孤獨而堅定的背影，張
輝反而堅定了自己的意志，他原本也是個不願服輸的人。這時，他對公司的
使命感和老闆已經沒有區別，他想他能夠做的就是和老闆風雨同舟，充分發
揮自己的才智，精益求精，將產品做到最好。

老闆對他說：「委屈你了，哥們。」他樂觀的說：「什麼也不用說了，只
要你一天把公司開下去，我就一天不離開這裡。」老闆感動得紅了眼圈，他
們同吃同住，無話不談，成為真正的患難之交。

幾個月後，老闆籌集到了新的資金，公司重新運轉。產品由於品質好，
買家都願意先付款，這樣公司局面開始峰迴路轉。此外他們還成功的說服一
家實力雄厚的投資公司出錢，全力推出一種早就被他們認定具有廣闊市場前
景的新型辦公軟體。半年後終於推出了極其完美的產品，上市後供不應求，
就這樣他們終於挖到了自己的第一桶金。接下來，公司開始招兵買馬，發展
壯大，僅短短的幾年工夫，就成為行業內大名鼎鼎的軟體公司。張輝也被提

拔為公司的副總經理兼技術總監，月薪可以拿到三十萬元。

後來為了感激張輝在最黑暗的日子裡帶給他的光明、希望和勇氣，老闆還給了他百分之四十的股份！

以老闆的心態對待公司

絕大多數人都必須在一個社會機構中奠定自己的事業生涯。只要你還是某一機構中的一員，就應當拋開任何理由，投入自己的忠誠和責任。一榮俱榮，一損俱損！將全身融入公司，盡職盡責，處處為公司著想，欽佩投資人承擔風險的勇氣，理解管理者的壓力，那麼任何一個老闆都會視你為公司的支柱。

有人曾說過，一個人應該永遠同時從事兩件工作：一件是目前所從事的工作；另一件則是真正想做的工作。如果你能將該做的工作做得和想做的工作一樣認真，那麼你一定會成功，因為你在為未來作準備，你正學習一些足以超越目前職位，甚至成為老闆或老闆的老闆的技巧。當時機成熟，你已準備就緒了。

當你精熟了某一項工作，別陶醉於一時的成就，趕快想一想未來，想一想現在所做的事有沒有改進的餘地？這些都能使你在未來取得更長足的進步。儘管有些問題屬於老闆考慮的範疇，但是如果你考慮了，說明你正朝老闆的位置邁進。

如果你是老闆，你對自己今天所做的工作完全滿意嗎？別人對你的看法也許並不重要，真正重要的是你對自己的看法。回顧一天的工作，捫心自問一下：「我是否付出了全部精力和智慧？」

如果你是老闆，一定會希望員工能和自己一樣，將公司當成自己的事

業，更加努力，更加勤奮，更積極主動。因此，當你的老闆向你提出這樣的要求時，請不要拒絕他。

以老闆的心態對待公司，你就會成為一個值得依賴的人，一個老闆樂於僱用的人，一個可能成為老闆得力助手的人。更重要的是，你能心安理得的沉穩入眠，因為你清楚自己已全力以赴，已完成了自己所設定的目標。

一個將企業視為己有並盡職盡責完成工作的人，終將會擁有自己的事業。許多管理制度健全的公司，正在創造機會使員工表現得更加忠誠，更具創造力，也會更加努力工作。有一條永遠不變的真理：當你像老闆一樣思考時，你就成為了一名老闆。

以老闆的心態對待公司，為公司節省花費，公司也會按比例給你報酬。獎勵可能不是今天、下星期甚至明年就會兌現，但它一定會來，只不過方式不同而已。當你養成習慣，將公司的資產視為自己的資產一樣愛護，你的老闆和同事都會看在眼裡。美國自由企業體制建立在這樣一種前提之下，即每一個人的收穫與勞動是成正比的。

然而在今天這種狂熱而高度競爭的經濟環境下，你可能感慨自己的付出與受到的肯定和獲得的報酬並不成比例。下一次，當你感到工作過度卻得不到理想薪資、未能獲得老闆賞識時，記得提醒自己：你是在自己的公司裡為自己做事，你的產品就是你自己。

假設你是老闆，試想一想你自己是那種喜歡雇用的員工嗎？當你正考慮一項困難的決策，或者你正思考著如何避免一份討厭的差事時反問自己：如果這是我自己的公司，我會如何處理？當你所採取的行動與你身為員工時所做的完全相同的話，你已經具有處理更重要事物的能力了，那麼你很快就會成為老闆。

多請示多彙報

如果你養成了事無大小都要請教老闆的習慣，甚至私人問題，也要請老闆做主，這顯示了你對老闆的尊重和服從。但是這天，你的老闆外出開會，有一件緊急要辦的事交到你的手裡，你急得手足無措，不知如何是好。同事告訴你這件事很簡單，公司以前遇到過，你只需按照老辦法去處理就行了。但你就是不肯，非要等待老闆回來再說，可是這次等來的卻是老闆的斥責。雖然你充分顯示了對老闆的尊重和服從，但是你沒有搞明白，老闆自有他的工作，豈能事事打擾。而且你的做事能力永遠沒進步，這樣一個難以獨當一面的員工，老闆怎敢冒險委以重任呢？

凡事都請教老闆，會顯得自己無能，無法樹立良好形象。應主動承擔工作，讓人家看到你獨立的一面。有了難題，可以累積數項再與老闆討論，緊急事故例外。至於較重要的決策，則應和老闆在事前商量一下，並定時彙報工作進展。當然，你絕對有權利與老闆產生分歧，但不能持敵對態度，應充分尊重老闆，以他的意見為最終決定，表示你的傾力合作。

工作中遇到關鍵的地方，多向老闆請示是下屬主動爭取表現的好辦法，也是下屬做好工作的重要保證。聰明的下屬善於在關鍵處向老闆請示，徵求老闆的意見和看法，一來博得了老闆的歡心，滿足了他的權力欲，二來你自己又做出了成績，皆大歡喜，何樂而不為呢？

功勞是老闆的

喜好虛榮，愛聽奉承，這是人類人性共同的弱點，作為一個擁有權力的老闆更是如此。有功歸上，正是迎合這一點，因此這是讓老闆青睞、固寵求

榮屢試不爽的法寶。

被別人比下去是一件很令人惱恨的事情，所以你超越了老闆，這對你來說不僅是蠢事，甚至於產生致命後果。

在古代做臣下的，最忌諱自表其功，自矜其能。凡是這種人，十有八九要遭到猜忌而沒有好下場。當年劉邦曾經問韓信：「你看我能帶多少兵？」韓信說：「陛下帶兵最多也不能超過十萬。」劉邦又問：「那麼你呢？」韓信說：「我是多多益善。」這樣的回答，劉邦怎麼能不耿耿於懷？

自以為有功便忘了老闆，總是討人嫌的，特別容易招惹老闆和君王嫉恨。把自己的功勞自己表白雖說合理，但卻不合人情的捧場之需，而且是很危險的事情。

三國末期，西晉名將王濬巧用火燒鐵索之計，滅掉了東吳。三國分裂的局面至此方告結束，國家又重新歸於統一，王濬的功勳是不可埋沒的。豈料王濬克敵制勝之日，竟受讒遭誣，安東將軍王渾以不服從指揮為由，要求將他交司法部門論罪，又誣王濬攻入建康之後，大量搶劫吳宮的珍寶。

這不能不令功勳卓著的王濬感到不安。當年，消滅蜀國，收降後主劉禪的大功臣鄧艾，就是在獲勝之日被讒言陷害而死，他害怕重蹈鄧艾的覆轍，便一再上書，陳述戰場的實際狀況，辯白自己的無辜。晉武帝司馬炎倒是沒有治他的罪，而且力排眾議，對他論功行賞。

可是王濬沒想到自己立了大功，反而被豪強大臣所壓制，一再被彈劾，便憤憤不平。每次晉見皇帝，都一再陳述自己伐吳之戰中的種種辛苦，以及被人冤枉的悲憤，有時感情激動，也不向皇帝辭別，便憤憤離開朝廷。他的一個親戚范通對他說：「閣下的功勞可謂大了，可惜閣下居功自傲，未能做到盡善盡美！」

王浚問：「這話什麼意思？」

范通說：「當閣下凱旋歸來之日，應當退居家中，再也不要提伐吳之事，如果有人問起來，你就說：『是皇上的聖明，諸位將帥的努力，我有什麼功勞可誇的！』這樣，王渾能不慚愧嗎？」

王浚按照他的話去做了，讒言果然不止自息。

立了功，其實是很危險的事情。老闆給你安個「居功自傲」的罪名把你滅了，很得正嫉妒你眼紅你的同事的心。你不了解這種孤立無援的後果是不能自保的。把功勞讓給老闆，是明智的捧場，穩當的自保。還是把紅花讓給老闆為上策，這樣更能使你輕鬆遨遊職場。

別輕易說「我不能」

你也許會常常碰到這樣的事，老闆突然向你提出要求 —— 為他準備一份公司損益分析月報表，以便明確公司目前的經營狀況。這對你來說也許是一道難題，因為你並不知道怎樣做這種分析月報表。

也許你會這樣回答 —— 我不會用電腦做分析月報表，又或許是這樣的回答 —— 儘管以前我沒這麼做過，但我可以開始試試，我會給您一份滿意的結果的。以上兩種回答儘管都是實話，但後者回答肯定更有助於你得到老闆的賞識，並能很快得到提升。

徐某是一個職業工程師，他最怕的一件事就是在大庭廣眾下講話。為此，他經常要為作自己的進度報告費盡心機。可等到上臺演說時，由於怯場，他的腦子裡卻還是一片空白。從第一次受挫以後，每回提起演說的事，他總對自己和別人說，我沒辦法演說。他就是這樣在內心深處反覆宣布自己在這方面無能為力，所以漸漸的就絕對相信那是真事了。

　　從徐某平時的言談舉止來看，他絕對不是那種演說障礙。說得確切些，他只是不喜歡演說罷了，是他自己將自己束縛住了。

　　實際上人們絕對做不了的事情不是很多。當你對老闆說，你做不了某事時，你一定認真想想自己是否真的做不了，因為如果回答得不恰當你會錯失良機，從而關上了邁向成功之門。「我不能」是一個令人毀滅的破壞者，它會掠走你的自信，使你不能達到自己的目標，儘管你也在努力的實現它。

做個精明員工

　　珍惜你與老闆之間的緣分，因為不管你是否願意，他都存在於你的職業生涯中。了解老闆的為人，盡快掌握他喜歡的工作方式，主動成為老闆最好的助手，才是一個精明的員工。

　　想要摸透你的老闆的心思、了解你的老闆，你就必須注意以下所述幾點，它可以幫助你更加認清你的老闆究竟是哪種人，以及你應該怎麼做：

1. 如果你的老闆經常要你去做一些與公司利益無關，而只是對他個人方便的事，那麼說明他並是不真的賞識你。因此，如果遇到他再次找你去替他辦理私人的事情時，你應該搶先提出一些工作上的問題，顯示你正在忙於公事。

2. 不要認為拍老闆馬屁需要太大的智慧。佩服的眼神比說出來的語言要更有價值。在老闆發表言論時，有意無意的露出佩服的樣子，微微點頭，再加上適當的反應，老闆就會知道你很有誠意。其實，你根本用不著用令人肉麻的話語來表示自己的態度。

3. 不是所有的老闆都是充滿自信、好大喜功的人，假如碰到自信心不足的老闆，你盲目的向他表示欽佩，只能讓他感到你是在奉承他。

有時候，一些表示懷疑的態度，或者一些建議，反而能使老闆更加了解你所具有的潛力。

4. 讚揚要有原因，有道理。老闆也是凡人，他們知道自己的優缺點所在，如果有人胡亂奉承，他們也不會胡亂接受。即使表面上像是接受了，而實際上他能夠分辨出誰在胡言亂語，誰是忠誠踏實。

5. 靠奉承老闆而獲升遷的人，自信心不足，而且容易出現自卑的感覺。如果你的老闆曾經是一個愛拍馬屁的人，他必然深諳此道，所以在他面前不要耍這種招數。不過，基於一種自卑感，他卻需要更多的尊重，因而你應當在多尊重他這方面注意。至於如何填補他那失落的自尊，則不是輕易就能做到的，非要有技巧不可。

在現實中，不同類型的老闆有不同的需要，對此你需要認真的去了解，並且採取相對的措施。

1. 喜歡宣威讚德型：這種老闆最愛面子，下屬的工作不出色他可以容忍，卻絕不原諒一個當眾令他丟臉的人。對待這種老闆，你需要經常提及他的長處，使他的尊嚴越築越堅。他會注意到你對他的尊重。

2. 家庭觀念特重型：這種老闆經常讓他的子女到他的辦公室玩樂，標榜自己是個好好先生。他不喜歡下屬搞辦公室戀情，更不喜歡那些私生活混亂的人。在他面前，你最好表現得規規矩矩，使他對你有信心。

3. 永不滿意型：這是嚴格的一類。這類老闆認為下屬做得好是天經地義，做得不好是十惡不赦。在他的心中，永遠沒有「失敗」二字。面對這種對下屬缺乏體諒的老闆，你不可抱太大的希望，因為你

只有不出錯才能站得住腳，也只有你成為了核心人物，這才會使他注意。

4. 精明能幹型：這類老闆最難應付，因為他太過精明，所以你的一言一行都逃不脫他的雙眼。中規中矩未必能取悅他，唯有比別人更努力，他才會感到你對工作的誠意。

在老闆面前別表現得太完美

在老闆面前展現才華並沒有錯，可是要掌握一個「尺度」，是「鋒芒畢露」還是「猶抱琵琶半遮面」，兩者的結果會截然不同。

「露」要掌握時機，即不可亂「露」。如果公司裡有一項業務，老闆和其他同事都無力承擔，只有你一人較為熟悉，那麼你就可以乘機「露」一手。「露」還要看你的主管是怎樣的人。老闆開明，他會因你外露的才能而重用你。但不要以為每個老闆都是開明的，如果你在嫉賢妒能的老闆面前「露」一手，就得注意點方法。你若是忘乎所以，「露」起來沒完，那就像在關公的面前耍大刀一樣，你要走霉運了。

有些老闆不願意把風采和才華皆勝於自己的人留在身邊，因為他們害怕被別人取而代之，在這樣的老闆面前鋒芒畢露而走霉運的例子比比皆是。下級只有善於隱其鋒芒，也就是懂得「猶抱琵琶半遮面」，低調點才能與老闆和睦相處。

范某在某鋼鐵廠宣傳處工作，有一天，處長突然叫他整理一個勞動模範的先進事蹟。據知情人士透露，這其實是一次考試，它將關係到范某是否還能繼續在機關待下去。本來對這樣的工作，他並不感到為難，但有了無形的壓力，便不得不格外用心。花了一個通宵，寫好後反覆推敲，又抄得工工整

整。第二天一上班，就把它送到了處長的桌子上。

處長當然高興，快嘛，字又寫得遒勁、悅目，而且在內容、結構上也沒有什麼可挑剔的。可是，處長越看到最後，笑容越收緊了。最後，處長把文稿退回，讓他再認真修改修改，滿臉的嚴肅，真教人搞不清什麼地方出了差錯。范某轉身剛要邁步，處長像突然想起了什麼似的說：「對，對，那個『副廠長』的『副』字不能寫成『付』，改過來，改過來就行了。」

從這一事例中我們不難看出：處理老闆交辦的事情，一定要盡可能的爭取時間快速完成，而不要過度糾纏於做事的細節和技巧。因為如果你把事情處理得過於圓滿而讓人挑不出一點毛病的話，那就顯示不出老闆比你高明的地方。這樣，做老闆的就會感到有「功高蓋主」的危險。

所以，精於與老闆相處的人，常常故意在明顯的地方留一點瑕疵，讓人一眼就看見他「連這麼簡單的都搞錯了」。這樣一來，儘管你出人頭地，木秀於林，老闆也不會對你敬而遠之，他一旦發現「原來你也有錯」的時候也就證明了你對他還構不成威脅，從而會縮短與你之間的距離。

其實，適當的把自己安置得低一點，就等於把老闆抬高了許多。當被人抬舉的時候，誰還有放不下的敵意呢？就像那位處長，當終於發現一個錯別字的時候，他不是立即又多雲轉晴了嗎？要知道，只有當老闆對別人諄諄以教的時候，他的自尊與威信才能很恰當的表現出來，這個時候，他的虛榮心才能得到滿足。而你自己抓住了這一點，在職場中便能走得快一些。

成為老闆的左右手

一般情況下，老闆似乎喜歡那些唯命是從，按部就班，嚴格按照指示做事的下屬。但在實質上，大多數老闆還是比較看重那些能主動為老闆做一些

輔助工作，使其能夠集中精力處理較為重大事情的人。

當然這裡就免不了提到「越權」問題。事實上，幫助老闆做一些力所能及的工作還沒有達到「越權」的程度，沒有危及到老闆的權力，只不過是盡自己所能，解除老闆的後顧之憂罷了。某些工作下屬做起來要方便、容易得多，所以，老闆對此不僅不會橫加指責，而且還會拍手歡迎。

馬振豐在一家公司的公共部門任副理，他的外事工作知識相當豐富。在公司的一次人事變動中，來了一位新經理。這位經理在人事部門工作了三年，成績斐然，看來是公司準備重用他，在此之前派往另一個部門鍛鍊一下。

馬振豐很快便發現這位新經理在外事知識上很欠缺，在接待外商時缺乏應有的知識，在走馬上任的頭幾天裡，便出了一些洋相。

有一次，公司需要接待一名前來訪問的外商，經理為了表示足夠的重視，決定親自布置接待場面，馬振豐這時發現這位新經理不知道該放一些什麼樣的鮮花和裝飾品，於是他便勸阻老闆，說這些小事老闆不需親自操刀，由他代勞即可，經理終於同意了。結果，這次接待活動做得非常成功。

在事後的宴會中，他在與經理閒聊時，透露出外國人都有什麼禁忌和偏愛，夾雜一些笑話，結果在言談中經理便學到了不少知識。由於這位經理的工作異常突出，很快又被提升了，這時，他也向公司推薦了馬振豐。這便是聰明下屬應得的好處。

多請教，不爭功

在辦公室裡與老闆交往，謙遜是很重要的。要主動找老闆談話，請他對自己的工作多做指教，這可以增強自己工作方面的能力；有不對的地方要

虛心的接受他的批評，這樣他會覺得你是一個求上進的人，並且認為孺子可教。有的人在老闆批評他時，會一臉的不高興，認為老闆在故意找自己的麻煩，這種觀念顯然是不對的。老闆對自己提出意見表示他還在意你的表現，要是你怎麼樣他都不管了的話，那才是真正的壞事。

在老闆面前過度在意金錢和物質方面的利益，對你來說並不是好事。作為下屬，你的任務主要是協助，假如你硬要出來邀功爭寵只會讓人覺得你不自量，不識大體。最後，受傷的只能是你自己。所以，不要讓老闆認為你的存在是對他的威脅。切記不要代替老闆領功，跟老闆「搶鏡」，這樣表明你目中無人，不知道尊重老闆。到頭來只會是功勞沒有爭到，名也會喪失。這也不是說有功都不要，不過聰明的人會想辦法讓老闆給自己記功，而不是去他那裡搶功、爭功。

你應明白老闆總需要一些忠心耿耿的追隨者和支持者在身邊，一旦他把你當成自己人看待，那就等於「你」職場的發展打下了良好基礎。聰明的你想想你會怎麼做呢？

守住老闆的祕密

在職場中保守祕密，是身為下屬的基本行為準則，是事業的需要。有些商業機密關係到企業的成敗，關係到老闆的聲譽與威望。身為下屬一定要牢記「病從口入、禍從口出」的古訓。對保密事宜做到守口如瓶。保守祕密，是身為下屬取信老闆的重要一環。

1．對老闆的隱私予以保密

老闆也是普通人，他在個人生活、生理、婚姻、子女教育等問題上肯定

也會有難言之苦的地方，作為下屬你應該保密。這不僅是對老闆名譽的一種愛護，更是對老闆人格的一種尊重。

2．老闆的工作失誤切勿傳播

任何人都會有犯錯誤的時候，老闆在工作中有所失誤，這是不可避免的，往往是多種因素造成的。一個忠誠的員工，所做的應是幫助老闆來糾正這些錯誤，汲取教訓，以免再犯。而傳播這些消息，只會給老闆臉上抹黑，降低老闆的威信。

3．對老闆間的矛盾視而不見

老闆們同為一家公司服務，同為一個工作目標而努力，由於觀點、為人風格、處事方法各不相同，很容易產生分歧、甚至重大矛盾。作為下屬，根本沒有必要介入到這種矛盾中去，更不應該在背後說三道四、擴散這種矛盾，讓其他部門或職員看笑話。

所以，身為下屬一定要學會守口如瓶，保守祕密。如果老闆一旦發現你的「不才」行為，輕者會對你心生厭惡，從此疏遠你，冷落你，重則會炒你的「魷魚」。得到這樣的結果，那你恐怕就得自己抽自己嘴巴了。

團隊形象需維護

當你融入到了某一團體之後，你便與它的命運緊密的結合在一起，團隊的興衰榮辱也就是你的興衰榮辱。一個成熟的職場人士，必須具備團隊榮譽感，並自覺的為之服務。這種自覺必須形成習慣，在日常工作、生活中自覺就是忠誠度的具體展現。

在這種情況之下，要求你在工作中就連撥打和接聽電話時，都應該注意語氣，以之來展現出你的素養與水準。微笑著平心靜氣的接打電話，會令對方感到溫暖親切，尤其是使用敬語、謙語收到的效果往往是意想不到的。不要認為對方看不到自己的表情，其實，從打電話的語調中已經傳遞出了是否友好、禮貌、尊重他人等資訊了。也許你一個不經意的冷淡和魯莽，就會嚇走一個潛在的客戶。

比如衣著，比如髮型，比如步態，比如耐心，比如不要在客戶面前談公司內部的事，等等細節，都是一個成熟職場人士的基本功。在公司出現重大變故時，要保持鎮靜；在遇到危害公司聲譽的行為時要挺身而出，應力挽狂瀾。

某君是一家連鎖餐飲集團公司的普通營業員，平時工作非常努力，常常被評為最佳店員。有一次，一家鬧市區的連鎖店裡突然發生了一起意外事件，一位客人在進餐時突然倒地，四肢抽搐，口吐唾沫，眾人一時驚慌失措，紛紛懷疑食品中毒，甚至有人拿出電話通知報社和電視臺。

在這關鍵時刻，該君鎮定自若，一方面指揮其他店員打急救電話，一方面竭力安撫顧客，向眾人解釋保證不是食物中毒，整個公司從來沒有出現過類似事件。但很多人還是不相信，不斷用手指摳挖嗓子眼，想吐出食物。這時，還是他挺身而出。他告訴大家，食物絕對沒有毒，並當場吃下很多飯菜。為了防止謠言擴散，他還請求大家等待救護車的到來，由醫生評判。這樣，大家情緒才穩定下來。

不久，急救車過來了，經驗豐富的醫生告訴大家，所謂「中毒」顧客實際上是典型的「癲癇」發作，不過湊巧趕在這樣一個場合，大家盡可放心。電視臺和報社來到後，他將事件的來龍去脈解釋清楚，並詳細介紹了公司的

衛生措施，壞事變好事，讓一場負面報導變成了正面報導。該君能臨危不亂，並能在關鍵時刻挺身而出積極維護公司的利益。這不僅為公司挽回了信譽，而且也為他自己贏得了更多的信任與機會。不久之後，他便升遷為部門經理。

使自己成為公司不可缺少的人

通常小旅館只能由它的小店員來招攬旅客，而小裁縫也只能靠擺弄他們的裁剪刀來謀生。但是一樁大事業則須仰仗許多胸懷共同理想和目標的人聚到一起來共同構築。它可以由一個人企劃，但必須有一大幫人來執行。就好比一艘大蒸汽船在海上行駛一樣，只有全體船員的精誠合作才能保證它平穩前行，在這裡沒有哪個水手是特殊的、缺一不可的。你可以把俾斯麥號輪船機艙裡的任何一個人替換掉，它照樣可以在六天之內穿越汪洋。

一家公司無論大小，所有的業務都應該以公司的名義進行，因為整個公司要比該公司裡的任何單個人都有分量。如果公司的職員或銷售人員以他們的名字作為信箋的開頭，並讓顧客給他們個人發送信件，那他們就大錯特錯了。在業務中你應該忘卻個人的名分，這是你在一家大公司工作要付出的必要代價。不要對此持任何異議 —— 這並不是什麼新鮮事 —— 你在所有大公司都得面對同樣的情形，無一例外！因為這對一個公司的發展是十分必要的。

如果你想自己做，以個人的名義做生意，那麼你就只能待在鄉下，去謀你自己的那點蠅頭小利了。貪圖小利的立足點是利己主義，成功的公司不會給這種思想留下空間。

當然有人會以此為藉口：如果客戶直接把訂單給我，我不僅能與他熟識，

而且更能明確他的需要，這不比那個傲慢虛幻之物 —— 所謂的公司 —— 能更好的照顧到客戶的真正實際需求嗎！他們還說，將顧客的需求透過幾個部門的輾轉陳述，最終下達到實際生產銷售部門，這實在是太費時間了。對於這些說法在此不敢苟同。長期的經驗證明，所謂的「節省時間」是非常不確定的。的確有時候，一份緊急的訂單在當天晚上就可以送到個人手中，但是如果你所認識的那個人出去釣魚了、打球了、生病了或是辭職去了一家與原公司相競爭的公司，那該怎麼辦呢？

在實際業務中，確實存在諸如此類的令人傷透腦筋的延誤因素，有很多因為咬文嚼字、繁文縟節而降低效率的成分。也有少數思想幼稚、目光短淺的銷售人員將公司的業務據為己有，將公司的顧客看做是個人的財產。為此一家公司必須要建立一整套固定的規章的制度，並形成公平、公正交易的信譽，否則它就不可能在激烈的市場競爭中存活下來，它也無法給公司員工提供穩定的工作和可觀的報酬。公司的規章和制度一旦確立，作為員工，你不要用鑽牛角尖的想法來試圖更改公司制度的習慣。相反，要和公司的規章制度保持一致，站在公司一邊，為公司自豪，尊重公司，支持公司，將公司的利益看成是你自己的利益。只有這樣做的人才能成為公司真正必不可少的人，才能夠在業務中拿滿分，拿高分。

與此相反的做法是，在公司的大旗下經營自己。他整天忙忙碌碌，接連不斷收到各種送禮、信件、請柬、恩惠、拜訪。慢慢的他會變得傲慢起來，當別的銷售人員招待他的顧客或是處理他的信件時，他會抱怨。他開始暗藏玄機、鑽營妄為。由此，他給人留下這樣的印象：一個十足的貪婪者，經常與同事意見不合，把自己的利益凌駕於公司整體利益之上。我們應該在個人的成長中與團隊靠攏，和團隊一起成長，而不是遠離團隊。

　　任何一家公司的規章制度，若無形之中給雇員以公然的誘惑，使他忘卻了自己的長遠利益，只專注於眼前的微小利益，這也使員工喪失了人生的最大機遇，這樣的制度既損害了公司，也貽誤了員工。瞧瞧這類公司的景象吧！敞開著的裝滿錢的抽屜，雜亂無章而沒有記錄和盤點的貴重物品，自由寬鬆的職責制度，不經常修改的業務計畫，隨隨便便的政策，這些都會像抽菸、酗酒、賭博、賽馬一樣毒害一個人。

　　一個利己主義者總是對他自己那點業務沾沾自喜，甚至會威脅說要帶走其他雇員和顧客轉而離開公司。管理人員的妥協更是讓這些利己主義者自以為是。他的這種思想會不斷膨脹，直到某一天公司的人都得對他唯命是從。一旦某天此人真的離開了這家公司，原來公司的同事們會一時感到手足無措。不過，經過幾週帶給顧客的尷尬、業務上的延誤和制度上的混亂後，那個利己主義者也就被拋到九霄雲外了。「蒸汽船還在乘風破浪，不斷前行。」我們的那位利己主義者呢？可能又找到了一份新工作，但只是為了再一次實現他個人的抱負而已。這種人幾乎從來都學不到什麼有價值的東西，因為當他到一家新公司時，他便又開始「身在曹營心在漢」—— 夾帶著實現自己美好抱負的願望，開始與自己公司的競爭對手建立聯繫，以獲得一份更好的工作。之所以會出現這樣一種人，責任首先應該歸咎於雇用他的第一家公司，因為那家公司允許他以個人的名字作為信箋的抬頭，容忍他腦子裡充斥錯誤的念頭，放縱他用個人的帳戶處理公司的業務，以至於他看不到透過團隊合作所能取得的巨大成就。公司的利益也是你的利益，如果你不這麼想，你就會損人利己主義的深淵。

　　一個完全自主和能被授予充分權利的人應該具備這樣的特質：面臨打擊和失敗時他不會逃之夭夭，也不會撒手不管，他能夠勇於面對公司的財務赤

字，勇於承擔羞辱與失敗。所有在烏雲密布時還渴望自由翱翔的人都會很好的與公司的規章制度保持一致。要記住這一點：除非有人站出來承擔失敗的責任，否則就沒有可以用來分配的利益。同樣，一個能夠真正成大器的人也要甘願充當小人物。

第五章
征服你的主管

　　服別人是一件非常不容易的事，何況是你的主管。要征服別人首先要得到別人的賞識，然而要得到別人的賞識，你就必須學得聰明一些。而聰明的人往往不一定就能得到別人的欣賞，因為沒有人願意別人比自己聰明，這是一個不爭的事實。因此，「大智」也需「若愚」來陪襯，這也是一種聰明的最高境界。

主管賞識為前提

　　如果想要得到主管的賞識，那麼你就要懂得顯示你的與眾不同之處，顯露你特有的魅力，給主管留下難以磨滅的好印象，那麼在今後的工作中才能慢慢取得主管的青睞。然而怎樣才能取得老闆的青睞呢？這是需要一些技巧的。

　　有一天，一個承包大工程的老闆，在視察一幢摩天大樓的興建工作的時候，一名衣裳襤褸的小孩，走到這位大老闆身旁，問道：「我長大之後，怎樣才能像你這樣有錢？」

　　這位老闆上了年紀，是從小工於苦力出身的。他看一看那個小孩，顯然有一種同情心，不過還是粗聲粗氣的說：「買件紅色襯衫，然後拚命工作。」小孩被對方的語氣嚇了一跳。同時，還一臉迷惑的看著大老闆。

　　老闆用手指指那些往來於大樓各層鷹架上的工人，然後對小孩說：「你看看那邊的工人，他們全都是我的員工。但我不記得他們的名字。而且，他們之中，有些人我從未見過。但你看看那個穿紅衣服的。他很特別，因為大家都穿藍色，只有他一個人穿紅色。而根據我近日的觀察，他比其他工人都認真，每天早到晚走，而且手腳又勤快。我之所以注意到他，是因為他穿著與眾不同的衣服。我現在就打算到他那裡去，問他願不願做工地的監工。他肯做的話，日後也一定會升遷，搞不好會當上我的副理。」

　　老闆停了一會，看了看孩子的反應，接著便給出了他的答案：「其實，我以前也是這樣做起來的。我要求自己工作比別人勤快，比別人好。我跟大家一樣穿工人褲，但我的上衣是一件與眾不同的條紋襯衫。這樣使得老闆注意到了我。我拚命工作，最後真的受到老闆的注意和賞識，後來得到了老闆的提升，之後我存了一筆錢，自己開公司當老闆。我就是這樣闖出今天的

局面的。

　　這樣的情節對於你來說是否過於簡單？但是要做到卻並非易事，需要你比別人付出得更多。要使主管賞識你，不是一朝一夕的事，只有在平時的工作中慢慢的體察，從點點滴滴做起，一步步在主管心目中樹立起良好的形象，你才會在老闆眼中與眾不同。

　　當你與自己的主管相處之時，要表現出你的真摯和誠懇。與主管見面時，最好不要高談闊論，大談自己如何出色，把自己極力推銷出去。相反，你應當誠懇的談談自己的情況，包括一些優點和缺點，顯示出你工作的誠意，給老闆一種實實在在、謹慎有禮的感覺。

　　另外值得注意的是你要活潑而不輕率，開朗而不狂放，精明而不奸詐。在與主管相處時，不要過於輕率的回答他的提問，更不能表現出狂妄的樣子，而要深思熟慮後小心作答，尤其是對於自己不太明白的問題，更要慎重考慮，實在不能答，則要如實相告。即使你對某一問題特別熟悉，也不能擺出「專家」的架子，大發議論。明智的做法應該是 —— 停頓幾秒鐘，做思考狀，然後用平緩的語調有條不紊的闡述你的見解，回答完後問一下主管的意見，這樣一來，主管想不欣賞你都難了。

贏得主管賞識的六大心機

　　在工作公司裡，主管的好惡有時會決定一個人一生的命運，得不到主管的器重，就失去了許多機會。但在一些地方，往往是「做的不如看的」，因此，如何得到主管器重就成了需要精心研究的課題。

第五章 征服你的主管

1.成為主管的依賴者

上級對下級最看重的一條就是是否對自己忠心耿耿，忠誠對主管來說更為重要。比如一些公司的司機都是主管的「自己人」。對於主管在工作中出現失誤，千萬不要持幸災樂禍或冷眼旁觀的態度。

2.把功勞讓給主管

主管是一個部門的頭兒，工作的好壞直接關係到主管的政績。因此，工作能力強弱是對下級的一個評判標準。

上級一般都很賞識聰明、機靈、有頭腦、有創造性的下屬，這樣的人往往能出色的完成任務。有能力做好本職工作是使主管滿意的前提，一旦被人認為是無能無識之輩，既愚蠢又懶惰，便很危險了。但我們完成工作之後，要學會把功勞讓給主管。

有些人在講自己的成績時，往往會說一段套話：成績的取得，是主管和同事們幫助的結果。這種套話雖然乏味得很，卻有很大的妙用：顯得你謙虛謹慎，從而減少他人的忌恨。

3.不要錯過表現自己的機會

常言道，疾風知勁草，烈火見真金。在關鍵時刻，主管會真切的認識與了解下屬。人生難得機遇，不要錯過表現自己的極好機會。當某項工作陷入困境之時，你若能大顯身手，定會讓主管格外器重你。當主管本人在思考、感情或生活上出現矛盾時，你若能妙語勸慰，也會令其格外感激。此時，切忌變成一塊木頭，呆頭呆腦，冷漠無情，畏首畏尾，膽怯懦弱。這樣，主管便會認為你是一個無知無識、無情無能的平庸之輩。

但需要注意的是讓功一事不能在外面或同事中張揚，否則不如不讓功的

好。對於讓功的事，讓功者本人是不適合宣傳的，自我宣傳總有些邀功請賞、不尊重主管的味道，只能由被讓者來宣傳。雖然這樣做有點埋沒了你的才華，但你的同事和主管總會一有機會便設法還給你這筆人情債，給你一份獎勵的。

4·學會和主管交談

讚揚不等於奉承，欣賞不等於餡媚。讚揚與欣賞主管的某個特點，意味著肯定這個特點。只要是優點、是長處，對團體有利，你可毫無顧忌的表示你的讚美之情。主管也需要從別人的評價中，了解自己的成就，以及在別人心目中的地位，當受到稱讚時，他的自尊心會得到滿足，並對稱讚者產生好感。你的聰明才智需要得到賞識，但在他面前故意顯示自己，則不免有做作之嫌。

談話時盡量尋找自然、活潑的話題，令他充分的發表意見，你適當的做些補充，提一些問題。這樣，他便知道你是有知識、有見解的，自然而然的認識了你的能力的價值。

不要用主管不懂的技術性較強的術語與之交談。這樣，他會覺得你是故意為難他；也可能覺得你的才幹對他的職務將構成威脅，並產生戒備，有意壓制你。

5·和主管的關係不要太密切

一般主管不願跟下屬關係過於密切，主要是顧忌別人的議論和看法，再就是他在你心目中的威信。

同時，任何主管在工作中都要講究方法，講究藝術，講究一些措施和手段，如果你把一切都知道得一清二楚，這些方法、措施和手段，就可

能失敗。

和主管保持一定的距離，需要注意哪些問題呢？

要保持工作上的溝通，資訊上的溝通，一定感情上的溝通。但要千萬注意不要窺視主管的家庭祕密、個人隱私。

和主管保持一定的距離，還應注意，了解主管的主要意圖和主張，但不要事無巨細，了解他每一個行動步驟和方法措施的意圖是什麼。這樣做會使他感到你的眼睛太亮了，什麼事都瞞不過你。這樣他工作起來就會覺得很不方便。

他是上級，你是下級，他當然有許多事情要向你保密。有一些是你應該知道的，而有一些則是你不應該知道的。

和主管保持一定的距離，還有一個很重要的方面，就是接受他對你的所有批評，可是也應有自己的獨立見解；傾聽他的所有意見，可是發表自己的意見就要有所選擇。也就是說，不要人云亦云。

6．留點毛病讓主管挑

張同和李國是大學同學，畢業後又同在一個部門工作。每當張同向主管請示彙報時，總是面面俱到，生怕讓主管看出問題，挑出毛病。而李國呢，有的時候丟三落四，導致主管對其進行一番具體評判指導。同一項工作，張同總是靠自己去獨立完成，而部門的其他人總是非常願意幫助李國，甚至主管也不時的對李國的工作予以指點。張同與李國大學相處四年，對他非常了解。在張同的印象中，李國是一個非常細心，而且具有很強的獨立完成工作的能力，真沒想到會是現在這個樣子。同事們非常喜歡和李國交往，主管也似乎並不因為李國的粗心大意而不滿，而且有什麼問題還特別願意找李國商量，而對待張同總是態度一般。幾個月過去了，李國在辦公室的地位不

知不覺的有了提升，大有未來主管的趨勢。而張同呢，儘管工作依舊十分努力，卻總是無法得到主管的青睞，張同對此頗為不解，因此陷入了深深的苦惱之中。

在現實生活中，你遇到的每個人，都會認為他在某些方面很優秀。而一個絕對可以贏取他歡心的方法就是以不著痕跡的方法讓他明白，他是個重要人物。因此你要想方設法的讓他發現出他引以為榮的方面。在主管的意識中，自然認為自己要比下屬高明，所以透過對下屬的工作指導等來表明這一點。下屬某些方面的不足，在主管看來是再正常不過的事了。因此，他也十分願意對下屬指點一二，既展示了他的能力，又樹立了他的權威。如果沒有機會表現，對於他來講，無疑是一件苦惱的事。

應該值得注意的是，運用此法要適度。「破綻」過大、過多或過頻則會給主管以能力太差的感覺；遇到主管心情不佳時，不光得不到耐心指點，可能還會遭到責備等等，那可就弄巧成拙了。

吸引主管的目光

在辦公室之中，主管不重視你，可能僅僅是因為你不夠努力，也可能是因為你的能力有限，但大多數時候是因為你的不善於表現自己，這些都是在職場上拚搏時最常見的事情。那麼，你該如何面對？怎樣才能把主管的眼光吸引過來呢？

1‧傾聽要專注

當主管和你談話的時候，你要排除一切使你緊張的意念，專心聆聽。你的眼睛要注視著他，不要只是埋著頭傾聽，必要時可作一點記錄。他講完以

後，你可以稍微思考片刻，也可問一兩個問題，真正弄懂其意圖。然後用簡潔的言語概括他的談話內容，表示你已明白了他的意見。但需要注意的是，主管不喜歡那種思維遲鈍、需要反覆叮囑的人，所以你要聰明一些。

2‧工作要積極

聰明的員工很少使用「危機」「困難」「挫折」等術語，他會把困難的境況稱為「挑戰」，並制定出計畫以切實的行動迎接挑戰。在主管面前談及你的同事時，你要宣揚他們的長處，而不是短處，否則將會影響你在人際關係方面的聲譽。

3‧信守你的諾言

如果你承諾的事情還沒有兌現，主管就會懷疑你是否能守信用。如果某件事情你確實難以完成，要盡快向主管說明，雖然他會有暫時的不快，但是要比到最後失望時產生的不滿好得多。

4‧把握和主管一起出差的機會

公司下級員工很少有機會單獨與主管交流。因此，在出差的間隙，你盡可以將自己的滿腹才幹展示出來，博得主管的信任，為自己的職業生涯打下基礎。

大學畢業後，小卓在一家證券公司做證券經紀人，性格羞澀內向，甚至有人說他壓根就不適合做經紀人。一年之後，小卓和總經理一起去參加一次會議。會議出席者中有很多外籍人士，這讓總經理頗感不安，他擔心自己的英語水準難以應付這種場面。然而，讓他吃驚的是，一貫少言寡語的小卓竟然能用一口流利的英語和那些老外交談，老外頗感興趣的神情表明，他們交

談得很愉快而且很有成效。總經理露出了滿意的微笑。三個月後，小卓升遷為客戶部經理。

但是你也不要忘了，凡事都有兩面性。本來在公司裡，你與主管只是簡單的工作關係，但出差時，你的一切生活細節和習慣都將暴露在主管面前。有時，個人的生活習慣和一些細節會影響別人對你的看法，甚至影響你的前途。

不要去抱怨懷才不遇

陳某和小城兩人是某個大學藝術系的同班同學，小城畢業後因父親的關係，立刻進入某報社擔任美術設計的工作，報社的主管十分看重小城。

不甚如意的陳某，每次看見小城在報上刊出的作品，就痛罵報社主管只認人情，不長眼睛。但是原本不及陳某的小城，由於報社主管悉心的培養，經常能接觸最新的材料與作品，加上他自己後天的努力，幾年後樹立了獨特的風格，也闖出了不少的名氣。

陳某終於不再譏諷小城，也不再謾罵報社主管，因為長久的怨天尤人，使她由一時的懷才不遇，變為真正的外強中乾，作品的水準，已經遠遠落後於小城之後了。

這社會上誠然存在著許多不公平的事，但是你需要做的便是尋找打破的方法，是加倍的努力，以求出頭，使自己的能力不斷增強，還自己一個公平的世界。如果只知自怨自艾，埋怨主管不識人，恐怕原本短期的時運不濟，終要成為長期的命運捉弄了。

如果你看一看文學史，你會驚訝的發現眾多的文學家都有過「懷才不遇」的經歷。

第五章　征服你的主管

　　唐代詩人陳子昂在被貶後的一天，登上了薊北樓，緬懷往古，遙思未來，懷才不遇的憤慨之情，知遇難求的孤獨之感油然而生，將胸中鬱積的不平之氣，凝成了一首千古絕唱：「前不見古人，後不見來者，念天地之悠悠，獨愴然而涕下。」

　　僅從先秦到唐代，就有屈原、司馬遷、嵇康、陶淵明、王勃、孟浩然、王維、杜甫和李賀等大文豪都有過「懷才不遇」的經歷，但是最終他們卻依然留傳千古。

　　由此可見，「懷才不遇」是每一個人在生活道路上都會遇到的問題。但一味的慨嘆「懷才不遇」並不能幫助自己擺脫困境，反而只能使自己越來越沮喪，喪失鬥志。

　　因此，在工作中的言行和態度上，不要流露出「懷才不遇」的心態，這在無形中會給你的事業增加不少壓力和阻力。

　　同樣，你也不能流露出「大材小用」的心態，很多青年人到了公司後，一心要做出一番成績來，可是一天到晚做的都是簡單的工作，有些甚至是小學生也能幹的工作，便不安心工作，覺得主管對自己大材小用，言行舉止中無意識的便會透露出不滿的情緒。主管一旦得知，就有可能會產生一些對你不利的想法。如果你小事也沒做好，主管對你的看法就會加深，這對你今後在公司的立足就會產生極其不利的影響。

　　問到很多主管對年輕人的看法，回答大都是大事不會做、小事又做不好，還老覺得自己委屈得要命。這種「眼高手低」的年輕人真是太多了。想一想這確實也是一種真實的寫照，你不覺得嗎？

　　年輕人有「懷才不遇」和「大材小用」之感是正常的，可以理解的，因為人才實在太多了，而一個人只有天時、地利、人和三者都占全的時候，才能

徹底發揮出自己的才能。因此在公司中盡量不要流露出「懷才不遇」和「大材小用」的思想，以免造成主管不必要的誤會，給自己的發展增加阻力，增加困難，自己的路也會難走得多。

不要忘記尊重你的主管

　　誰都希望自己的部下尊重自己，對自己、對部門表現忠誠。誰都不會容忍一名員工在進行工作、提出建議或提出申訴時超越自己的領導權。所以對你的主管你應該表示必要的尊重。

　　你或許會遇到的一種情形是從他人處聽到對你主管的理解。比如說，在和一位副總裁領導下工作的另一位部門經理可能走到你跟前說：「他是個十足的白痴，我討厭在他手下工作。」碰到這種情況，你並不想給對方以期盼的同情和支持，那該如何是好？以下是一些行為指南：

1・要求對方提供更多的詳情

　　詢問對方發生了什麼事，使得他發出這樣的抱怨。你可能會聽到一則事例的詳情，然後可以這樣回答對方：「他確實有點感覺遲鈍，可是如果你希望消除隔閡，你應該跟他講。」

2・提出符合職業規範的解決辦法

　　一旦你知道對方為何抱怨，就可建議對方與問題的源頭直接接觸：「你為什麼不去見見副總裁說明你的觀點呢？對他建議彼此做些讓步，那麼以後這種事就不會再發生了。」

3‧表明你的忠誠

務必說明你尊重指令傳播環節。你不應該加入流言或埋怨之中，只要它們並非建議性的。你甚至可以進一步現身說法：「如果這事發生在我身上，我很可能去見他，把事情攤在桌面上談。」

如果你和你的主管發生衝突，而你又不能直接解決這衝突，你或許不得不強調你作為部門負責人的地位或在指令傳播環節中越級報告。

假如你的頂頭主管總是直接找到你手下的員工，分派工作任務。你見到他，你可直接向他表明：「這樣做在部門中會引起矛盾。我給了他們一項工作任務，然後你再讓他們做別的，矛盾就出來了。如果你能先跟我講，我可以為你安排。我要求本部門的員工直接聽我的調遣。」

或是這樣一種情況：你的頂頭主管一直在向你部門中的一位女職員進行性騷擾。她已向你彙報了此事。為此，你找到了這位高級經理，請他別再繼續這樣做，可是他並未收斂。在這樣的情形又發生了兩次以後，你可以將此問題越級向上作彙報。

此時你需要遵守的兩條準則是：

1‧只有在特殊情況下才能打破指令傳播環節

在幾乎所有的情況下你都應透過你的頂頭主管行事，唯一的例外是發生像性騷擾、違法行為，或偷竊公司財產這樣的特殊情況。如果一個問題不能透過與問題的源頭直接進行接觸加以解決，你就應有一種忠誠，這種忠誠超越了你對指令傳播環節的忠誠，因為它是你對部下和公司的忠誠。

2‧經常以書面形式說明情況，僅僅對一種錯誤行為產生懷疑是不

夠的

如果你打算提請高層權力機構注意一個問題，首先你要收集事實依據，用檔的形式把它們記錄下來，然後為證實你報告的情況做好準備。比方說，一份有關性騷擾的投訴必須包括受害人的書面概述。如果你的主管指示你假造資料，或在其他方面違反法律，在你正式提出投訴前，你應該先寫下詳細的交談記錄。如果你知道你的主管在進行貪汙活動，必須寫下你的證據。不要僅僅因為懷疑或道聽塗說就打破指令傳播環節。如果你不能證實你反映的情況，你的事業和名聲可能會受到影響。所以，你處理此類事情時需要慎之又慎。

要處處維護主管的權威

主管的一句話頂不了一萬句，但一句是一句！對主管的旨意理解的要執行，不理解的則需要在執行中理解，並在執行中完善。

任何團體都非常強調員工對團體的認可度。對主管的認可度，這種認可度也可以理解為忠誠度，它是企業文化的重要組成部分。作為企業的核心人物，主管既是公司的決策者，甚至有可能是經營者，同時他又是企業核心精神和企業經營理念的人格化展現。

主管的人格力量是企業不可缺少和替代的資源，是一筆不可忽視的無形資產。很多企業的崛起就跟領導者的象徵性和號召力密不可分，還有不計其數的公司甚至乾脆就直接用領導人的名字做商標：松下幸之助是「松下」的靈魂;比爾蓋茲幾乎就等同於「微軟」;而威爾許簡直就是「通用」的第二商標。

客觀的說，主管的權威絕對不是透過「造神運動」造出來的，而是從無到有，一步一個腳印，歷經千錘百鍊和無數的風雨洗禮之後而形成的。在公

司的實際運作中，主管的威信是政令暢通的堅強保證。一個成熟的職場人士，在工作中不僅要處處留意和彌補上級的疏忽，還要不露聲色的維護老闆的威嚴。所以不妨效行這樣的規則：主管永遠是對的；或當你懷疑主管不對時，請不動聲色的給予糾正。

找對主管的「在意點」

作為你的主管，誰都希望他在你心目中有一定的威信。每個主管都十分在意這個問題，同時威信也是領導者做好工作的必要條件。這是他心中最在意的點，因此你要維護他的威信，不要讓他在心裡感到難為情。

維護主管的威信你需要做下面幾點。

1‧對自己沒有參與的決策不抵觸

主管決策，應該事先徵求下屬意見，但有時也很難周全。如果主管沒能徵求自己的意見，或者雖然徵求了，但未能採用，在這種情況下，你對主管的決策也不能抵觸，而應該積極貫徹執行。

2‧切忌不要貶低主管

在現實生活中，有的人往往拿主管作陪襯，來顯示和抬高自己，說明自己的水準高。這就必然貶低主管的作用，使主管從事工作所必備的威信受到影響，並且進而影響到公司的人際關係和工作大局。

3‧注意說話的場合與分寸

某公司有兩位資歷相同的職員，一向關係融洽，好說說笑笑。後來，甲職員被提為某部門主管，兩人關係一如既往，仍然很好。有一次內部開會，

乙職員在會上發言，當談到該企業過去客戶狀況時，他打比喻說：「我們企業過去的客戶，就像甲副主任腦袋上的頭髮，沒有幾個。」甲副主任確是禿腦袋，經他這麼一比喻，十分難堪，弄得人們哄堂大笑。這裡，乙職員雖然說的是笑話，但由於不分場合，缺乏分寸，因而對上級威信和工作造成不良影響。故應該力戒和防止這類事情發生。

一般說來，處理與主管的關係，莊重場合宜莊重，私下場合可隨便些，但這要由主管做主導，你只有隨聲附和。不管什麼場合，都要注意分寸，不能信口開河，忘乎所以。特別是女性，你的男主管可能愛和你開玩笑，但反過來你不能隨便和主管開玩笑，因為男人在女人面前更在意自己的面子。

了解自己的主管

在你與主管相處時能明白主管的意圖、讀懂自己的主管，這最能考驗你的社交水準。也許你經常聽到主管說某某人「悟性好」，也經常聽到主管抱怨某某人「死腦筋」。所以說，不管你在什麼地方，善於領悟主管意圖是會表現的重要方面。

李續賓是曾國藩手下的一名將領，他最善於揣測曾國藩的意圖。有一次，曾國藩召集眾將開會，分析當時的軍事形勢時說：「諸位都知道，洪秀全是在長江上游東下而占據江寧的，故江寧上游乃其氣運之所在。現在湖北、江西均為我收復，僅存皖省，若皖省克服……」此時，李續賓早已明瞭曾國藩的意圖，於是順勢道：「大帥的意思，是想要我們進兵安徽？」

「對！」曾國藩讚賞的看了李續賓一眼，「續賓說得很對，看來你平日對此早有打算。為將者，攻城奪寨還在其次，重要的是要胸有全面，規劃宏遠，這才是大將之才。續賓在這點上，比諸位要略勝一籌。」不難看出，李

續賓一句話就贏得了這麼多的信任和誇讚，實在是高明之至。

　　當然，讀懂主管也需要長期練習。只有平時緊緊跟著主管關心的敏感點進行思考，才有在把握主管意圖和工作思路方面超過其他人的可能。而這樣做，則更有利於將來在關鍵時候盡顯你的高明之處。

懂得為主管分憂

　　任何事情都不可能是一帆風順的，都可能會遇到這樣或那樣的挫折與障礙，工作同樣如此。作為主管，管轄一個部門的工作，責任重大，壓力也最大，某些工作憑藉自己的能力或以往的經驗就能做好，而有些工作則需要下屬的幫助，群策群力才能解決。

　　假如員工除了做好本職工作外，還能不時的伸出援助之手，幫助主管出謀劃策，共同度 過難關，那對主管來說這是一種支持，也是一種鼓勵，他肯定會十分感動的。同時，這也是對自己鍛鍊的一個絕好機會。

　　廖如華是某公司業務部副理，他發現有段時間自己的主管臉上堆滿愁容，無精打采，本來很開朗的一個人，現在變得意志消沉了，原來很快就能處理完的公事，現在到下班時還剩下很多。一連幾天，都是如此下去，勢必會影響業務部工作任務的完成。總經理對業務部及其主管的工作表現已露出明顯的不滿。

　　廖如華看到這些，真的是很擔心，怕長久下去將不好收場。他既不想看到公司因業務部的工作不力而遭受損失，也不願看到本來很有才能的主管被炒「魷魚」。於是，他從側面了解了一下情況。原來，主管的妻子得了重病，住進了醫院，他白天上班，晚上去陪伴妻子。由於休息不好，再加上時刻擔心著妻子，因而連日來已經是筋疲力盡，心力交瘁，白天上班自然沒有精

神，工作效率也明顯降低了。

了解到這些情況，廖如華對主管的遭遇深表同情。他找了個機會請求暫且將主管的一部分工作交給他去做，好使主管能夠騰出更多時間照顧妻子。

接手工作後，廖如華一絲不苟，力求將每一項工作都做得圓滿，遇到不明白或不熟悉的問題，他主動向主管或同事們請教。在他的努力下，業務部的工作有了明顯起色，總經理也露出了滿意的微笑。重要的是他本人也在工作中得到了更多的鍛鍊。

透過這件事，廖如華得到了公司上下的尊敬和讚譽，他和其頂頭上司更是成了工作上的好「搭檔」，生活中的「密友」。

不難想像，像這樣能在關鍵時刻承擔起責任，替主管分憂，顧全大局的下屬，走到哪裡都會受歡迎的。重要的是這種做法，自己所贏得的不僅是感激、尊敬和讚譽，而且還會為自己贏得更多的機會和前程。

主管的「內情」揭不得

眾所周知，朱元璋自幼出身寒微，當他做了皇帝後自然少不了有昔日的窮哥們到京城找他。這些人本以為朱元璋會念在老朋友的情分上給他們封個一官半職，誰知朱元璋最忌諱別人揭他的內情。可卻有人偏偏不識趣，下面這位老兄便是如此。

這位老兄千里迢迢從老家鳳陽趕到南京，幾經周折才算進了皇宮。一見面，這位老兄便當著文武百官大叫大嚷起來：「朱老四，你當了皇帝可真威風呀！還認得我嗎？當年我們一起光著屁股玩樂，你做了壞事總是讓我替你挨打。記得有一次咱倆一塊偷豆子吃，背著大人用破瓦罐煮。豆還沒有煮熟你就先搶起來，結果把瓦罐打爛了，豆子撒了一地。你吃得太急，豆子卡在喉

曬裡還是我幫你弄出來的。你忘了嗎？」

這位老兄還在喋喋不休嘮叨個沒完，朱元璋卻再也坐不住了，心想此人太不識趣，居然當著文武百官的面揭我的短處，讓我這個當皇帝的臉往哪裡擱。盛怒之下，朱元璋下令把這個窮哥們殺了。

這位窮哥們哪懂得這一點，自以為與朱元璋有舊交，居然當眾揭皇帝的內情，觸犯了「龍威」，豈不是自找死路嗎？

在日常生活中，要謹慎處理與主管的關係，最要緊的一點是千萬不要傷害主管的尊嚴，同時注意替主管保守祕密。假如在一次偶然的機會，你發現已婚主管竟與某女同事大鬧婚外情。其實，事情並不複雜，你只需裝聾作啞，也就是說一切裝作不知，三緘其口就可以了。

假如，你本來約了朋友在某餐廳吃晚餐，當你踏入餐廳，卻赫然見到他們倆人，你可先保持鎮靜，然後環視一下四周，若你的朋友未到，事情就好辦得多，就當做找不到人，離開那裡，在門外等你的朋友。即使朋友已坐在餐桌前，你也可走上前，當做有急事找他，與他一起離開那地方，再作詳細解釋。

要是你與友人先到，正在用餐，他倆才走進來，那就不妨在四目交投的情況下淡然打個招呼，但不要與友人閒聊太久，最好比他倆先走，離開時記著不必打招呼了。

翌日返回辦公室，請當做若無其事，只管埋頭於文件堆之中。如果有同事私談有關兩人之事，你還是絕口不提為妙。對此等曖昧之事避之則吉。有時候知道的事情太多並不是件好事，尤其是主管的隱私千萬不能透露出去，否則就要大禍臨頭了。如果能夠及時替主管掩飾其「痛處」或「短處」，則有可能被對方引為知己，能收到意想不到的回報，但最重要的是如此做法可保

平時的安全。

學會揣摩主管的心思

對主管的言語、表情、手勢、動作，以及看似不經意的行為，如果你有較為敏銳細緻的觀察，則是掌握主管心理的先決條件，測得風向才能使舵。

下面幾點是主管表現出的心思：

1. 主管說話時不抬頭，不看人。這是一種不良的徵兆，它表示是對下屬的輕視，認為此人無能。

2. 主管從上往下看人。這是一種優越感的表現，它表示主管是個好支配人、高傲自負的人。

3. 主管久久的盯住下屬看，這表示他在等待更多的資訊，他對下級的印象尚不完整。

4. 主管友好和坦率的看著下屬，或有時對下屬眨眨眼，這表示他認為這個下屬很有能力、討他喜歡，甚至錯誤也可以得到他的原諒。

5. 主管偶爾往上掃一眼，與下屬的目光相遇後又朝下看，如果多次這樣做，可以肯定主管對這位下屬還沒有把握。

6. 主管向室內凝視著，不時微微點頭。這是非常糟糕的信號，它表示主管要下屬完全服從他，不管下屬們說什麼，想什麼，他一概不理會。

7. 主管的目光銳利，表情不變，似利劍要把下屬看穿。這是一種權力、冷漠無情和優越感的顯示，同時也在向下屬示意：你別想欺騙我，我能看透你的心思。

8. 雙手插腰，肘彎向外撐，這是好發命令者的一種傳統人體語言，往

往是在碰到具體的權力問題時所做的姿勢。

9. 主管坐在椅上，將身體往後靠，雙手放到腦後，雙肘向外撐開，這固然說明他此時很輕鬆，但很可能也是自負的意思。

10. 雙手放在身後互握，也是一種優越感的表現。

11. 主管拍拍下屬的肩膀，這表示對下屬的承認和賞識，但只有從側面拍才表示真正承認和賞識。如果從正面或上面拍，則表示小看下屬或顯示權力。

12. 手指併攏，雙手構成金字塔形狀，指尖對著前方，這是一定要駁回對方的示意。

力助主管更出色

俗話說得好：火車跑得快，全靠車頭帶。車頭熄了火，車廂就浪費。車頭出了軌，車廂全報廢。

一個部門就是一個團隊，必須榮辱與共。如果你的主管顯得出類拔萃，那麼你也會顯得出色；如果你的主管混得很慘，你也臉上無光。如果主管更加成功，你也會平步青雲；如果你的頂頭主管原地踏步，你也大致升遷無望。這是職場中的一些不成文的定律。

所以一個聰明的職場人士，應該隨時隨地想辦法讓你的主管顯得出色。如果你有什麼能改善部門工作的主意，一定要讓主管知道。幾乎任何一個成熟的主管在升遷後都會關照、提攜舊部屬的。這個談不上徇私，僅僅因為他已經了解你是個優秀人才，不用你，他還要到哪裡去找？

但由於缺乏經驗，有些職員往往會忽視了這一點。還有人認為自己的頂頭主管是踩著自己肩膀往上爬，心理不平衡，於是消極怠工，渾渾噩噩，反

正天塌下來有高個子頂著。更有甚者，有些人總是認為自己的頂頭主管是自己升遷的最直接的障礙，恨不得將其連根拔起，於是不惜陽奉陰違，處處和主管玩太極，甚至還背著老闆越級爭功、「告御狀」。

此類人物是否認真的想過，這樣的努力都會「搬起石頭砸了自己的腳」，因為沒有一個老闆會輕易的相信一個下屬的下屬來詆毀他的頂頭主管、自己的嫡系。任何人都對「犯上」有本能的警惕和抵觸，今天你「反」你的頂頭主管，明天就可能「反」我，我豈能引狼入室呢？難道這個老闆會如此之不濟事，會如此之笨嗎？

不做越級行為

人們常說，一個公司像一部複雜而嚴密的機器，釘是釘，鉚是鉚，每一個零件都在一個固定的部位發揮著不同的作用，以保障整部機器的正常運轉。雖然一個優秀的員工必須具備全面觀念和主動精神，但這有個前提──先要保證自己的工作已經圓滿完成。

在公司裡，有一部分人為了突出自己，老是喜歡做越級活動，這類人大部分帶有對自己頂頭主管的某種不信任或者不服氣。這樣做的結果是擾亂了公司的正常工作程序，造成人為的關係緊張，反而影響了工作效率，更會影響到自己的職業生涯。所以你必須牢牢記住，有什麼問題盡量和你的頂頭主管溝通，沒有人會無緣無故的成為你的頂頭主管的。你主管的主管也不會完全聽信於你，那會等於變相承認自己用人失誤。

A 君是某國立大學的畢業生，畢業後進入一家 IT 公司，他打心裡瞧不起自己的頂頭主管，那個連電子郵件都不會用，工作少拿錢多，不工作也拿錢的傢伙。他認為這樣的人怎麼能夠進高科技公司，怎麼還能夠做他的主管。

　　所以，Ａ君對他的頂頭主管常常是冷嘲熱諷，遇到事情也不和他商量，直接去找老闆談。剛剛開始老闆還不介意，時間長了就提醒他不要越級，Ａ君依舊我行我素，對他瞧不起的那位頂頭主管出言不遜，暗示老闆有眼無珠，老闆立即拉下了臉。後來他在工作中處處感到掣肘，終於有一個哥們悄悄的提醒他，他瞧不起的那個傢伙還有另外一個身分 —— 公司的祕密大股東之一，嚇得他一身冷汗，從此對主管言聽計從、畢恭畢敬。但是，一切都為時晚矣。

別說「不公平」

　　作為一名職員，在工作中不可能不與你的主管接觸，而由於地位的不同，看問題的角度自然也有所不同，隨之而來的就是結論不同，同樣一件事，甚至得出截然相反的結論。下面，就是一些在工作中常常會碰到的典型事例：

1. 一件事你做了很長時間，那是你的動作太慢：一件事主管做了很長時間，主管嘛，要想得細一些。

2. 一項工作你做得不細，那是你粗心大意：一項工作主管做得不細，那是主管善於重視大方向。

3. 你赴約遲到，那是你不守時：主管赴約遲到，那是主管實在太忙。

4. 你犯錯，那是因為你做事不認真：主管犯錯，那是因為他也是人。

5. 你在辦公時間講笑話，你會影響工作：主管在辦公時間講笑話，是為了活躍氣氛。

6. 你堅持自己的立場，那是因為你太固執：主管堅持自己的立場，主管要講原則。

7. 你忘記了遵守幾項規定，那是你違章犯規；主管忘記了遵守幾項規定，那是主管要會靈活掌握。

8. 你討好你的主管 —— 溜鬚拍馬；主管討好他的主管 —— 配合工作。

9. 你不在辦公室時 —— 一定在到處閒逛；主管不在辦公室時 —— 一定在忙於做事。

10. 你因病一天沒來 —— 怎麼老生病；主管因病一天沒來 —— 一定是病得不輕。

你覺得不公平嗎？那當然！實際上，辦公室根本就沒有絕對的公平。

更確切的說，主管與屬下之間沒有絕對的公平，這也是亙古不變的真理。但是只要你善於掌握其中的訣竅，你一樣馳騁職場。

忠誠於主管

對主管忠誠就是你不在同事面前打擊他，不做兩面派，不要當面說得天花亂墜，背後和同事們談話時卻講他的壞話。

有時候你會面臨這樣的考驗。有一天你偶爾和你的主管弄得有些不愉快，因為有時你也有不痛快的日子。但是如果主管對這些偶然情況有所寬容，你將會感到欣慰。

當你和主管有不同意見的時候，你就很想找個人說個痛快。如果你和同事們在休息時間一起口頭攻擊他，明天你平靜下來時，就寢食難安。一些不愉快的話很難被幾句恭維話抵消，因為壞影響會一直縈繞著，特別是在你激動時講的一切更難消除。

在你講上級壞話的同時，一些敏感的同事肯定會猜測：「當我不在時他在背後又講我什麼呢？」另一種危險是你的背後抱怨不會有人為你保密，如果

是你的朋友或同事，同事把你的抱怨或壞話傳至主管那裡，那麼後果是可想而知的。

　　在辦公室外面忠誠也同樣重要。在公司外面不能批評你的主管，這種做法同樣很危險。

第六章
適應新的辦公室政治

　　當今時代，人人都在「玩」，各人也有各人的「玩法」，而這些「玩法」玩的人多了便成為了一種規則。這種規則一旦變得有據可依，也便成為了一種「政治」。而把這種「政治」說得簡單一些、平民化一些，它也只不過是人人都有意或無意遵循的一套「遊戲規則」而已。在職場中除了一些大家都必須遵守的規則之外，人人都有一套自己的「遊戲規則」，這種規則在精明人的手中「玩」轉了之後，它便成了一種藝術。

解讀辦公室中微妙的「政治生存」

一談起辦公室政治，可能會使很多人陡生厭惡，因為他們往往把它與整人、謠言、爭鬥、拉幫結派、拍馬屁等等名詞連繫起來，特別是才氣橫生的技術型人才，他們總是離辦公室政治遠遠的。他們努力的埋頭工作，任勞任怨，等待著主管或老闆的賞識與提拔，而對那些技術能力比不上自己、職務卻在自己之上的人，他們常常持輕視的態度，認為他們不過是玩辦公室政治的高手。但卻也是這些「高手」在辦公室混得最開，這也是他們所望塵莫及的。

如果換一個角度看辦公室「政治」，它其實是一個企業文化和管理的具體展現。它的最終表現是哪些人得到重用，哪些人得到升遷，而哪些人受到冷落……

關於這方面張潔的經歷最為豐富。她當過企業幹部、銀行職員、公司辦事處主任，現在是一家外資公司的部門經理。每一份工作她都有四五年的工作經歷，用她的話來講，是什麼大場面都見過了。

張潔常說，要減少辦公室政治對企業的負面影響，應從制度上考慮滿足人進取的欲望。而對於身處其中的個體，她則認為，辦公室政治這種東西，其實到處都有，問題是，你覺得它大它就大，你覺得它小它就小。當然有時候，它也跟辦公室人員素養的高低直接相關，如果低素養的人多，勾心鬥角的事也多。

同時，有人認為辦公室政治是個骯髒的東西，他們有著高尚的情操，他們高風亮節，值得敬佩，他們藐視這種野蠻的行徑。然而也正是這種思想使得他們的事業進展有限。

有人說這是一種假清高，但是在辦公室中卻不能有假清高。一位辦公室

政治專欄作家一針見血的說：「辦公室政治這場遊戲，要是你不願下場，那就不要抱怨升遷無期，薪資原地踏步，人家對你視若無睹，甚至職位被裁掉。」辦公室政治是你不下場就自動判輸的遊戲。你不玩，連期待輸贏的權利都沒有了，那麼生活同樣也就沒有了樂趣。

存在就是合理！既然這場「政治」是由「經濟」的肥沃土壤之中醞釀而生的，你又何必為喜歡搞辦公室政治的人而惱火，為存在辦公室政治的企業而絕望呢？

對於身處外部環境激烈競爭的現代企業來說，企業內部的絕對平靜、穩定已是一種奢求。當企業內部出現一群有不同聲音、不同利益追求的人才時，並不一定就意味著這個企業將會玩完。

相反，內部人才有一點競爭，有一點相互制約，來一場小小的「辦公室政治」，對於原來「死水一潭」的公司來說，何嘗不是一種催化劑？而對於個體而言，多一份競爭，就多一份壓力，同時也同樣多了一份前進的動力。

所以，問題不在於你承不承認辦公室政治，甚至也不在於你能否正視，而在於你如何應付，你有無應對的素養和技巧。

心態決定一切

作為一個員工來說，最大壓力莫過於工作不順、做事出錯、競爭失利、陷入逆境。很多人相信，轉敗為勝是命運轉機所帶來的結果。但是完全指望運氣的人始終都要失望的，因為他們忽略了，在一個人重新成功之前，還有另一項重要因素，那就是命運的轉機是可以隨人轉喚的。所以，請擺正你的心態，因為它決定著你的一切。

艾迪·坎特在一九二九年美國華爾街股市崩盤時賠得傾家蕩產，但是他

的恆心毅力還在，勇氣尤佳。身擁這兩種有利的條件，再加上他獨具慧眼，他再度為自己締造出一週一萬美元的收入佳績！如果人有恆心毅力，在困境中依舊能有所作為。

很多失敗過的人，為了生活只是再度投入激烈的職場中，同時又怕再次失敗，以致壓力一直蓄積下去。陷入如此困境時，即使依靠醫師或藥物也無法完全根治，要依靠自己的力量，切斷這種惡性循環，重新出發。

你是否看過這樣一條廣告：胃疼？工作忙的吧？光榮！也就是說，當你升遷到一定的地位，必有相當的責任等著你扛，很自然的會引起一些胃痛之類的症狀。但是假如你在工作上表現得風風光光，但卻不知道保護自己，為此而罹患十二指腸潰瘍住院，甚至危害到生命，不是很不划算嗎？

若問健康和出人頭地哪件事重要，毋庸置疑的，當然是健康了。有些人拚命的工作，結果把健康都賠了進去。你應該知道，先保住身體的健康才有資格談工作。再者，站在公司的立場也不會放心將工作交給擔當不起壓力的人。所以，不管面對什麼樣的壓力，你都必須坦然，必須把握好自己的心態。

服從命令的天職

在職場之中，下級服從上級天經地義。但是，在現實生活中，柴驁不馴的「刺頭」卻不乏其人，甚至有時還故意刁難、衝撞主管，雖然到最後還是得服從權威，但這種服從卻讓主管的感受大相逕庭！

像「恭敬不如從命」之類的至理名言，時時都諄諄告誡著後人：對權比自己高、位比自己重的人，服從是第一位的。但是在工作中下級服從主管，是上下級得以順利的開展工作，從而保持正常工作關係的前提，是融洽相處

的一種手段，也是主管觀察和評價自己下屬的一個尺度。

　　辦公室中你是否常常碰到這樣的情況呢？如某一主管走到小宋的面前問他：「小宋，我讓你準備的資料怎麼樣了？」小宋三分驚訝七分漫不經心的問道：「準備的資料？」當著其他同事的面，這位主管很沒面子，氣呼呼的訓道：「你怎麼對我說過的話這樣不放在心上！」照常理而論，小宋應立刻道歉，找個原因給主管一個臺階下，待主管稍有息怒，迅速去把準備的資料交給他。這樣，主管即使再生氣也最多再訓他兩句也許還是面帶笑容，年輕人事情多，主管一般會諒解他們的。但這位小宋卻既沒道歉，也沒立即去準備，而是屁股一扭，轉眼不見了。這樣的人，主管怎麼會喜歡呢？而他自己在這裡也快走到盡頭了。

　　這些「刺頭」表面看來，任意妄為，瀟灑自在，實則是自己有意識的與主管劃出了一條鴻溝，這樣很不利於自己的事業，也不利於組織內的團結。所以你要想有長足的發展，「刺」千萬不可長，進取之心萬萬不可消。在某一方面，或許主管會遠不及你，但只有與主管融洽相處，才會讓主管充分領略你的才華，為你提供發揮的機會。對於才氣不佳者，就應學會有李白「天生我才必有用」的自信和瀟脫，應有活到老學到老的毅力和幹勁，而不應甘於沉淪，成為主管眼中又臭又硬的絆腳石。

　　所以，作為一個下級，應牢固樹立起尊重主管、服從主管的意識，即便主管在某些方面不如自己，也要給予應有的尊重。

　　上級主管由於居於把握全面的地位，掌握全盤情況，一般來說，考慮問題比較周全，所發出的指令都能夠從大局出發。在多數情況下，全面利益和局部利益是一致的或基本接近的，執行上級指示，維護全面利益，實際上也就維護了自己的局部利益。

尋找「入場券」

身在職場，你就應該學會為自己尋找一些「入場券」，也就是為自己尋找一些機會。因為很多時候，機會是由於你去發現、去創造的，而不是等待而來的。

有一位剛剛畢業的研究生，分到了一個研究火箭的機構工作。正好，公司接了一個新的研發專案：讓衛星起旋後再脫離火箭。這個專案很棘手，以前從未用過這種方式，外國倒是用過，但失敗連連……

論證會上，有位老專家提出了一個可行性方案，但怎樣才能滿足入轉精確度，卻有待進一步論證。整個會場陷入了沉默。此時，坐在後排旁聽的他說一句：「可以用電腦計算一下！」整個會議室的目光一下子集中在了他身上，主持會議的主管當即問他：「你來做行不行？」

就這樣，本來只在地面做點「擰螺絲釘」工作的菜鳥一下子挑起了大梁，一年多後，按照他編訂的方案，衛星發射成功了。

敢於承擔額外的責任，才能獲得額外的成功。也就是說懂得為自己尋找「入場券」的人，才可能有機會敲開成功之門。

一個具有豐富的知人、用人經驗的主管，能夠較為準確的透過一個人的基本素養情況和日常工作表現，判斷其發展潛力的大小，並予以客觀的期待與激勵。這對一個人的成長進步是必不可少的加速器。

一位著名的美籍華人物理學家講過這樣一個故事：中學時代社會風氣不好，學生不求上進。為此，一位老師從眾多的學生中挑選出幾十人組成「榮譽班」，並告訴這個班的學生，他們都是因為具有發展前途才被挑選出來的。這些學生很高興，對前途充滿了信心。很快，奇蹟出現了，這個班的學生的學業成績直線上升，其他方面的表現也很突出。若干年後，這個班的大多數

學生在各自的領域裡取得了可喜的成就。後來他們之中有人見到了這位老師，才知道原來那幾十位同學都是老師隨意抽籤決定的。

有時，一個人太在意別人對自己的看法是一種不自信的表現。當他知道自己很重要，對別人很有用時，便喚回了他所有的自信。所以，有時了解主管對自己的期待、看主管是否重視自己，對於一個員工來說是非常重要的。

有的主管可能會明確告訴你他很看重你，並告知他對你的期望目標，而有的主管可能就比較含蓄謹慎，只是暗示你說「好好做，會有前途的」，「好好做，我是不會埋沒人才的」，「我不會虧待你的」等類似的話語。不管採用什麼樣的方式，只要主管對你形成某種期待，只要他確實很器重你，他就會為你創造相對的機會和條件，幫助並推動你的成長進步。

了解這些，你跟主管相處起來就會更容易一些，你按照主管對你的期望提出要求，也會較容易的得到滿足。一旦主管對你寄予厚望，你就有了施展才華的用武之地。所以，相信自己，你同樣能敲開成功之門。

更新自己的觀念

在職場競爭日趨激烈的今天，還有許多人只會在已有的工作職位敬業拚搏、埋頭苦幹。但是，時代在變化，在職場中只會埋頭努力工作並不見得能得到很大的發展。要想讓自己有所作為，關鍵在於要不斷更新工作觀念，不讓自己在職場中落伍。要學會做一個職場新人物，為自己打出一片職場天下。

如今的職場局勢無時不在瞬間萬變著。有些集團每年都進行職位調整，做技術的人可能先跑過幾年的銷售，而銷售做得好的可能以前是做研發的。副總經理就先後做過八個工種，最後脫穎而出，不僅成為一專多能的工程技

術人才，還進入高層主管團隊作決策。

眾所周知，某企業對研發人員實行「負債式」管理。他們要求工程師研發出的產品在進軍市場前，個人要向企業負債，只有等到這個產品在市場上盈利了，個人的負債額才能抹去。剩下的就可以按比例分紅，獎勵給開發者。如果這項技術不被市場看好，這筆負債就記在開發者的名下，在規定的期限內如不能用好的產品來「抵債」，這位工程師就得離職。這種負債式管理，激勵和迫使研發人員注重走向市場做調查研究，因而造就了大量的「雙能」工程師。市場呼喚「雙能」人才。

一個只懂埋頭工作不懂抬頭看路的員工，他所具備的能力也不過是極其有限的一種專能罷了。作為現代員工，必須要掌握多種技能，才能得到市場和社會的真正承認，從而實現自己的人生價值。

要追求的不只是薪水與職位

當你加薪成功、升遷如願的時候，你是否想過你成功的根本原因在於何處？其實這是再明白不過的事了，這就是你的素養。斐然的業績是本事，談判、申請前的調查研究是素養，談判、申請的技巧是素養，敢於談判、申請的勇氣也是素養。因此，你要到手的不僅僅是薪水和職位，還有主管對你的素養的進一步了解和賞識。

卡內基講過這樣一個故事：

有一個犯人被單獨監禁。監獄已經拿走了他的鞋帶和腰帶，他們不想讓他傷害自己。這個人用左手提著褲子，在單人牢房裡無精打采的走來走去。他提著褲子，不僅是因為他失去了腰帶，而且因為他失去了十幾磅的體重。從鐵門下面塞進來的食物是些殘羹剩飯，他拒絕吃。但是現在，當他用手摸

著自己的肋骨的時候，他嗅到了一種萬寶路香菸的香味。他喜歡萬寶路這種牌子。

透過門上一個很小的視窗，他看到門廊裡有個衛兵在深深的吸一口菸，然後美滋滋的吐出來。這個囚犯很想要一支香菸，所以，他客氣的敲了敲門。

衛兵慢慢的走過來，傲慢的哼道：「想做什麼？」

囚犯回答說：「對不起，請給我一支菸……就是你抽的那種——萬寶路。」

衛兵錯誤的認為囚犯是沒有權利的，所以，他嘲弄的哼了一聲，就轉身走開了。

這個囚犯卻不這麼看待自己的處境。他認為自己有吸菸權，他願意冒險檢驗一下他的判斷，所以他又用右手指關節敲了敲門。這一次，他的態度是威嚴的。

那個衛兵惱怒的扭過頭，問道：「你又想做什麼？」

囚犯回答道：「對不起，請你在三十秒之內把你的菸給我一支。否則，我就用頭撞這混凝土牆，直到弄得自己血肉模糊，失去知覺為止。如果監獄當局把我從地板上弄起來，讓我醒過來，我就發誓說這是你做的。當然，他們絕不會相信我。但是，想一想你必須出席每一次聽證會，你必須向每一個聽證委員證明你自己是無辜的；想一想你必須填寫一式三份的報告；想一想你將捲入的事件吧——所有這些都只是因為你拒絕給我一支劣質的萬寶路！就一支菸，我保證不再給你添麻煩了。」

衛兵會從小窗裡塞給他一支菸嗎？當然給了。他替囚犯點了菸嗎？當然點上了。為什麼呢？因為這個衛兵馬上明白了事情的得失利弊。

　　所以說無論你在何處都應該學會爭取自己的權利，即使在你的境遇不盡如意的時候。

警惕職場暗箭

　　職場如戰場，稍不注意，哪怕是一顆小小的「流彈」也會擊中你的要害。常言道：「明槍易躲，暗箭難防。」對於那些看得見的敵人，你可以防患於未然，可是對於那些職場裡湧動的暗流呢，你是否也能清楚知道呢？是敵是友不會寫在額頭上，當不安的因素襲來，一場影響你職業生涯的拉鋸戰，或許早已打響。

1・流言蜚語

　　「流言蜚語」在空氣裡無根漂浮，也許有一天脹滿到擠壓你的生活，你都無從抵擋。當你本能的抬起胳膊打算防衛的時候 —— 你打不到對手，因為沒有哪一個對傳言負責的人會當面站出來。

　　某公司職員小樺就是深受流言所害的一個典型。小樺在工作中的表現非常出色，也常常受到老闆的讚賞。可是隔不了多久，關於她與老闆關係曖昧的傳聞就流傳開來。現在她走到哪，人家都用異樣的眼光看著她，她的工作情緒大受影響。

　　「流言蜚語」是暗藏的敵人，它像長了翅膀一樣，在飛來飛去的過程中，越傳越厲害。遭遇流言的人，往往被影響到自己的工作情緒。最明智的做法就是清者自清，不要去理會，做好自己的工作，讓誤解與流言在事實中自行消滅。

2・剽竊

在職場中你或許只是一個只顧做事的人，常常就是抱著獨善其身的想法。但是，你稍不留意，就會中了小人的暗算。

某公司要簽一個新客戶，小菲和蕭蕭要做出一個企劃後才能決定由誰負責。小菲是一個直心腸的人，平時老愛談天說地的。一天蕭蕭請小菲喝咖啡，小菲特高興。經不住蕭蕭套話，她一股腦把自己想到的一個創意全說了出來。三天後，在小菲準備把自己的方案交上去的時候，小菲發現，除了個別細節外，蕭蕭的企劃就跟自己那天無意中跟她談的一樣。這時，小菲才知道蕭蕭請自己喝咖啡是有目的，自己的方案被「剽竊」了。

職場中的「暗招」常常讓你防不勝防，有時保護自己的「思想」更重要。因為，這個東西無憑無據，即使別人竊取了你的成果，你也沒辦法去證明人家有剽竊行為。

3・糖衣炮彈

曾經在職場中流行著這樣一句話，恨他就表揚他。看似甜蜜的「糖果」，在職場中可就成了打擊別人的「炮彈」。

小方與小燁同為企劃部的員工，他們的工作性質相同，卻各自擔負著不同的專案。小方是科班出身，在企業技能方面明顯比小燁高一些。於是，小燁就拿自己做的專案去請教小方，希望能夠聽到小方的意見。可小方對於小燁的專案總是受到表揚，從來就沒有任何的批評意見。於是，小燁也一直認為自己做的專案非常好。直到老闆親自驗收的那一天，他才知道，原來自己的專案還存在很多問題。

古人常說「生於憂患，死於安樂」。在競爭激烈的職場中，別人對你的表

揚並不一定是真正的表揚。因為，在一片叫好聲中，你會迷失自己，發現不了自己的問題所在。

別讓對手把你看得太清楚

在辦公室裡，不論你平時表現得如何親切，也會有人將你視為障礙，或無端的被人當成敵對的目標。因此，同事間如能夠和平相處自然再好不過，但如果敵意不可避免，便需要你小心應付。尤其對手是公司的老員工時更要留意，因為他的工作能力或許不及你，但對公司的了解，對人事之間的微妙關係，則勝出你許多。在這時最重要的是不要讓他知道太多有關你的資料，包括你的背景、學歷、進修情況。就是說你需要在他面前保持一種神祕感，因為讓你的對手知道得越少，他越不敢大膽進攻。

但是在現實中，很多人終因無法擺脫個性上的弱點和偏執而防範不了「暗箭」，何況「道高一尺，魔高一丈」，因此只有盡量小心了。不過若為了躲避暗箭，而把自己搞得神祕兮兮，失去朋友，那就沒有必要了。但無論如何，提高警覺還是必要的。

防人之心不可無

古人語：「害人之心不可有，防人之心不可無！」的確，「害人之心不可有」，害了人不僅會對他人造成傷害，也會引發自己的愧疚。但是，在同事之間存在著很多利害關係，在他想擴張他的欲望，或他的欲望受到危害的時候，「善人」也會顯示出他「惡」的一面。

在職場中常常有這樣的表現：為了升遷，不惜設下圈套打擊其競爭者；

有人為了生存，不惜在利害關頭出賣朋友……因此，與同事相處，你要時刻提醒自己：防人之心不可無。

在一個公司如果遇上一位資歷、能力與你不相上下的人，無論他怎麼善於偽裝自己，也必然會成為與你明爭暗鬥的競爭對手。假如你不幸遇到的又是一個人格不健全的陰險小人，儘管你屢建奇功，但要想盡快升遷也確非易事。

路小紅與韓雪是某公司最得力的兩名幹將，又同在市場部工作。最近公司準備提升一名業務主管，韓雪積極主動的向高層寫了很多自薦信，說明她才是升遷的最佳人選，而且論述她升遷後的宏偉藍圖的含金量，她還大肆抨擊她的前任主管的錯誤。而路小紅在朋友的參謀下，也向高層寫了封自薦信，粗線條的談了談升遷後的工作設想，但隻字未提前任主管的事。工作之餘，她又分別邀請幾名副總裁共進午餐，較詳細的談了一下她任職後的工作方案。

當公司準備考慮給路小紅升遷時，她突然發現自己的資料漏洞百出。她懷疑有人竊取了她的電腦密碼，暗地裡把資料給修改了，但苦於沒有證據，她便決定採取以靜制動的策略，忍氣吞聲默默承受著「工作失誤」的委屈。果然，事隔不久，在一次中層人士會議上，製造「資料事件」的韓雪終於沉不住氣了，借「資料事件」大肆發揮，這樣也使得她害人的不道德行徑暴露了出來。真相大白之後，主管很欣賞路小紅處理問題的方法，如期提升了她的職務。

這樣的故事很平常，但現實之中卻又無處不在，這就需要你真正讀懂「防人之心不可無」這句話的真正含義，從而從容面對一切「突發」事件。

那麼你需要怎麼做呢？你需要做的就只有一點，那就是讓人摸不清你的

底細，不隨便暴露出你個性上的弱點，不輕易顯露出你的欲望和企圖，不露鋒芒，不得罪人，勿太坦誠……別人摸不清你的底細，自然不會隨便利用你、陷害你，因為你沒給他們機會。

談話要講求技巧

假如你認為靠熟練的技能和辛勤的工作就能在職場上出人頭地，那你就錯了。雖然才幹加上勤奮工作固然很重要，但還需要你懂得在關鍵時刻說適當的話，因為那也是成功與否的重要因素。

卓越的說話技巧，不僅能讓你的工作生涯加倍輕鬆，更能讓你名利雙收。在此建議你學會下面這幾種說話的技巧，它將有助於你輕鬆遨遊職場。

1・以最委婉的方式傳遞壞消息

當你得知一個關於公司的壞消息時，如果這時你立刻衝到主管的辦公室裡報告這個消息，就算不是你的事，也只會讓主管質疑你處理危機的能力，弄不好還惹來一頓罵，把氣出在你頭上。面對這種情況，你應該以不帶情緒起伏的聲調，從容不迫的說：「我們似乎碰到了一些狀況……」千萬別慌慌張張，也別使用「問題」或「麻煩」這一類的字眼，要讓主管覺得事情並非無法解決，而「我們」聽起來像是你將與主管站在同一陣線，並肩作戰。

2・主管傳喚時責無旁貸地說：我馬上處理

冷靜、迅速的做出這樣的回答，會令主管直覺的認為你是個有效率、聽話的好員工。相反，猶豫不決的態度只會惹得工作本就繁重的主管不快。夜裡睡不好的時候，還可能遷怒到你頭上呢！

3‧請求同事幫忙時應該說：這個報告沒有你不行啦

有件棘手的工作，你無法獨立完成，非得找個人幫忙不可，於是你找上了那個對這方面工作最拿手的同事。怎麼開口才能讓人家心甘情願的助你一臂之力呢？你不妨嘗試著說說「這個報告沒有你不行啦」之類的話，並保證他日必定回報。而那位好心人為了不負自己在這方面的名聲，通常會答應你的請求。不過，將來有功勞的時候別忘了記上人家一筆。

4‧巧妙避開你不知道的問題時你應該說：讓我再認真的想一想，三點以前給您答覆好嗎

主管問了你某個與業務有關的問題，而你卻不知該如何作答，但你千萬不可以說「不知道」，你應運用這種委婉的說法。這不僅暫時會為你解危，也會讓主管認為你對這件事情很用心，一時之間竟不知該如何啟齒。不過，事後可得按時交出你的答覆！

5‧討好別人時應恰如其分：我很想知道您對某個方案的看法⋯⋯

許多時候，你與你的主管共處一室，而你不得不說點話以避免冷清尷尬的局面時，這也是一個能夠讓你贏得主管青睞的絕佳時機。但說些什麼好呢？每天的例行公事，絕不適合在這個時候搬出來講。此時，最恰當的莫過於一個跟公司前景有關，而又發人深省的話題。問一個讓主管關心又熟知的問題，在他滔滔不絕的訴說心得的時候，你不僅獲益良多，也會讓他對你的求知上進之心刮目相看。

6‧面對批評要表現冷靜：謝謝你告訴我，我會仔細考慮你的建議

自己苦心的成果卻遭人修改或批評時，的確是一件令人苦惱的事。但你

不需要將不滿的情緒寫在臉上，卻應該讓批評你工作成果的人知道，你已接收到他傳遞的資訊。不卑不亢的表現令你看起來更有自信、更值得人敬重，會讓人知道你並非一個剛愎自用或是經不起挫折的人。

一切皆有可能

　　亨利・福特在要製造有名的 V-8 汽缸轎車時，曾指示他手下的工程師著手設計一種引擎，要把八個汽缸全放在一起。設計的紙上作業完成了，但是工程師們都不約而同的跟福特說，要把八個汽缸全放在一起，根本就是不可能的。

　　福特說：「無論如何都要做出來。」

　　他們又回答：「但是，那不可能啊！」

　　「動手做。」福特一聲令下，「不論花多少時間，做到交差為止！」

　　過了一年，福特的工程師們都沒有進展，他們再次告訴他，他們想不出有什麼辦法可以做到他的指示。

　　「不行」。福特說，「我要八汽缸引擎，一定要做到！」

　　後來的事實證明亨利・福特是對的，因為一切皆有可能。

　　有時候拿定主意始終需要勇氣，甚至需要的勇氣極大。當初簽署獨立宣言的人在簽下自己姓名的時候，也在這個勇氣上，以自己的身家性命下了注。

　　當你打開一扇門之時，可能倒楣；但是假如你不試著去打開任何一扇門，你會註定永無運氣。

　　有一個牧羊人對朋友說，每次突然而至的暴風雪都會造成牛羊的死亡。當冰冷的暴風雪橫掃牧場，咆哮不已的風將雪堆成巨塊，溫度迅速降到零

下，羊群通常都會背對風暴，緩緩移到下風處。最後被圍籬阻擋時，牠們會擠在一起，導致羊的大量死亡。

但是有一種赫里福牛，則是肩並肩的一起迎著風暴，頭低下來，面對暴風雪的肆虐，結果死亡率反而最低，損失最小。那位朋友在牧場學到的一個寶貴教訓就是：「勇敢正視生命的大風暴。」因為，一切皆有可能。

別讓工作和友誼糾纏不清

在職場中，有一條很明顯的界線，即是工作和私人關係之間的界線。這條界線突出的展現於經理和他們的下級之間的關係處理上。在現實中，地位的不同確實限制了發展真正友誼的可能性。如果你與一位下屬私交日深，你就有可能在工作中遇到監督、管理方面的麻煩。

一位管理人員與他所在部門中的一名下屬成了親密無間的朋友。他們一起去郊遊，彼此邀請對方參加一些娛樂活動，好幾個月來他們有規律的彼此交往。一天，迫於最後期限的壓力，這位管理人員吩咐他的這位下屬關心一下某個工程專案。他們爭了起來，接踵而來的就是憤怒的對抗。這位管理人員這才認識到 —— 撇開工作的私人關係會妨礙他正常行使監管屬下工作人員的職責。

如果你真的與你的下屬或主管建立了友誼，務必記住這條準則：在私人關係和工作關係之間應保持一定的距離。如果你們雙方都明白兩種關係是彼此分離的，並意味著不同的含意，你就能夠與一位下屬或主管享有親密的私人友情而又絲毫不影響工作。

即使當兩個職位相當的員工間形成了友誼或辦公室外的友誼，同樣也會妨礙正常的工作關係。所以，必須堅持這樣一條原則：兩種形式的關係不能

以同樣的方式來處理，更不允許彼此互相干擾。

　　某公司的兩位部門經理成了好朋友，然而，當這兩個部門之間發生了衝突，他們之間的工作關係甚至私交都受到了影響。他們最終解決了工作上的問題，並且彼此間就某些規則取得了共識。那就是當他們在辦公室外相聚的時候一概不談工作；另外，他們將不使某一方面的爭執影響到其他方面；還有就是兩人都不願他們的私交影響到他們在公司環境內公事公辦的工作原則。

別把辦公室當成你的家

　　在你漫長的職場生涯中，你不得不與形形色色的各種人物打交道，同時也免不了會遇到出賣、敵意、中傷等種種料想不到的事情。但是如果事先預料這些事的發生，並一一克服，便能讓你處處化險為夷。

1・不可隨便交心

　　在現實中，有正人君子，也有奸候小人；既有坦途，也有暗礁。在複雜的環境下，不注意說話的內容、分寸、方式和對象，往往容易招惹是非，授人以柄，甚至禍從口出。人只有安身立命，適應環境，才能改造環境，順利的走上成功之路。因此，說話小心些，為人謹慎些，避開生活的盲點，使自己置身於進可攻、退可守的有利位置，牢牢的把握人生的主動權，無疑是有益的。

2・保存自己的實力

　　在辦公室中，一方面要友好競爭，另一方面要在眾人的競爭中保存自

己，在勢孤力弱的情況下，就要見好就收，千萬不要露出要鬥爭、要向上爬的樣子，成為眾矢之的。俗語說：「不遭人忌是庸才。」但在一個小圈子裡，處處招人忌才是真正的蠢材。

3・不背黑鍋

不背黑鍋的方法其實很簡單。最可行的辦法就是不冒險，不粗心，事事有根據，白紙黑字，即使做錯了也有充分理由解釋。還有就是一件事的對錯，錯的大小，應否追究，如何處罰，都是主管的事。大事化小或小題大作，都在有些主管的一念之間。因此，在這種情況下，人緣好，特別是與主管的關係不錯，就會較少獲罪。

第六章　適應新的辦公室政治

第七章
成功升遷零阻力

　　身在職場之中，誰不想平步青雲，誰不想早日擁有一番自己的事業？但是，職場之路似乎有些不盡如人意，總是布滿荊棘，甚至會讓你感到有些寸步難行。此時你所要做的便是堅強的面對各種風雨，勇於挑戰各種考驗，加重自身的升遷籌碼，將自己打造成為職場之星。

認清升遷從何起步

每個人都希望能在自己的職業生涯中獲得成功，而升遷就是成功的最佳標誌之一。於是常常聽到別人這樣嘆息道：「工作那麼久為什麼卻總是得不到升遷機會。」其實，要想獲得升遷並不難。只要你積極準備，升遷的機會就有可能垂青於你。但你需要作以下的準備：

1 · 了解企業文化

你可以透過各種管道，來熟悉企業的歷史，從而逐漸認同本企業的文化和價值觀。

2 · 了解你所在領域內的最新資訊

透過再學習等方式，學習和掌握有關技能，並想辦法應用在你目前的工作中，以不斷適應本領域發展。

3 · 上班時不要發牢騷

當你面臨艱巨的工作任務時，應盡力去做好，不要牢騷滿腹，讓別人覺得你沒有能力應付這項工作，或覺得你根本不知從何做起。因為許多公司只會留住並升遷那些不抱怨工作量大的人。

4 · 善於表現自己

向你的主管提出更好的建議、申請分量更重的工作，並表示希望能分擔他的壓力。用行動向他表明你已經具備了承擔更高職務的能力。

5‧處變不驚

處事冷靜的人會得到很多好處，並受到稱讚。主管、客戶甚至其他同事都會對處變不驚的人另眼相看。你若能時常保持鎮定，心理上便可隨時應付難題，自信心也會增強，升遷的機會自然大增。除此之外，一個行為舉止膽小和害羞的人，只會令人對其做事能力失去信心。處變不驚要講究個人的素養和多臨「戰場」的考驗，所以要敢於去處理突發的難題，處理多了，你的應急能力便會得到加強，那個時候你就會處變不驚了。

6‧面帶陽光

沒有人喜歡滿腹牢騷的人，而這樣的主管也只會使人士氣低落，有些下屬便會轉投到令人振奮和積極的人的麾下。要讓別人覺得自己重要，就要學會展示自己燦爛的一面，即使在情緒低落的時候，也別無精打采。

7‧學會在會議中發言

若情況允許的話，選擇會議室接近中央的位置，坐於兩旁位置很容易被忽略。不要等待發言機會，因為這機會未必存在，在適當的時機要爭取發言。發言時，只需闡述有事實根據的重點，要省略不必要的枝節，避免說一些「我希望」「我覺得」等抽象或不切實際的話。

摸準老闆的心思

知己知彼，百戰不殆。在職場中也一樣，作為下屬的你對你的老闆要了解，了解他比了解你的工作更加重要。他的能力怎麼樣？他有什麼樣的優點和缺點？他喜歡什麼樣的下屬？他的工作經歷是怎樣的？他的工作作風如

何？他的奮鬥目標是什麼？所有這些都是職場中的你應該了解的。

　　要學會應付各種性情的老闆，確保自己的尊嚴不受侵犯，同時能夠贏得他對自己的好印象，這就需要你學會一些技巧。這就需要你認真觀察你的主管，看他有什麼樣的心理。

　　有些經理整天懷疑自己的員工偷懶不工作，時常窺視員工的一舉一動，對付這類經理最好的辦法是經常向他彙報，多和他交流，明確告訴他你做了些什麼、結果如何，以此使他放心。有些老闆精力過剩，熱衷事業，但對員工很苛刻，碰到這種工作狂，最佳對策是甘拜下風，不斷向他請教，使他感到你在他英明的領導下努力工作，這樣反而可以得到他的賞識。

　　而有的經理自己的能力不強，老是擔心下屬會超過他，搶了他的位置。這個時候你需要收斂起自己的鋒芒，做到謙虛和謹慎，這樣自然會博得主管的信任和賞識，以消除主管的戒心。比如在業務會上，對自己的遠見卓識有意打點伏筆，留下空間給主管做總結。當然，在平時要經常向主管請示彙報，不擅自做主，特別是一些決策性的工作，要等主管表態。另外不要老把眼光盯在主管不足的方面，應該去嘗試找主管的特質，因為職場上比拼的是綜合素養，而不是專能。

　　有的主管非常嚴謹，當他總是批評你、提醒你的過失時，其實也是對你的留意和關心。這時你要聽得進去，在人才濟濟的大公司，能被主管留意不容易，如果你不能用斐然的成績吸引主管的青睞，那就應盡量減少失誤。先要培養自己的耐心，面對主管的批評，你應該有心理上的厚度和韌性，並積極的去解決問題，爭取好印象。

　　當你的主管是一個非常冷靜的人時，他不會大笑大鬧，而是始終保持常態。你和他打交道就應該盡量保持和他相同的風格。對於你的一切工作計

畫，不要自作主張，等到計畫決定後，你只管執行就行了。在執行的過程中，應該有詳細的記載，不能有疏忽。事情成功後向他報告，也避免使用誇張的語氣，盡量使用平靜的口氣，與他的風格保持一致。

當你的主管是一個權威型的人物時，這時你別自卑，要拿出最慎重和一絲不苟的態度和良好的專業知識，在短時間內精心做好準備。在整個談判的過程中，你要展示你的才華和智慧，使出渾身解數，為老闆贏得主動、贏得利益、贏得所有人的稱讚。工作結束後，如果主管問你：「你在工作上還有什麼理想？」你千萬別直截了當的說：「我想升遷。」但可以把握時機的給主管一個暗示：「如果有更多的挑戰，我會有更多的創造。」這樣等待你的肯定是另有重用。

摸準了主管的心理對於你的職業發展非常有好處。了解他，就能「管理」他，你能用一些手段贏得主管的青睞，讓主管對你信任有加，言聽計從。當你有好的建議向主管貢獻的時候，不會遇到被主管斷然拒絕的苦惱。你就能夠讓主管做出更有利於你的決策，也會增加主管對你的好感，這對你的職業生涯是非常好的。

找出升遷的增值籌碼

想要掘金就得選擇一個富礦，才可日進斗金。升遷也要選擇合適的公司、合適的部門的主管、合適的同事，才可平步青雲。所以，你必須找出升遷的增價籌碼。

1・「氣質」匹配的公司

其實每家公司也都有自己的「氣質」。有的公司凡事推託，做事效率慢；

有的公司則是以賽車般的速度前進；有的公司標榜傳統；有的公司卻喜歡標新立異，不按常理出牌。總之，各有各的風格。

在你選擇一份工作的時候，你應盡量選擇公司自身文化和自己的個性比較相投的公司。假如你是個不拘小節的人，在 IBM 或大銀行做事，一定不能順心，因為你必須穿著得體，符合公司的規定。相反，像在矽谷的電腦公司，他們唯一在意的是員工能否把工作做好，這樣的公司更適合你。

只有當你選擇了與自己「氣質」相似的公司時，你才能較快的得到主管及同事的承認。但萬一你進入了一家與你「氣質」不符的公司，如果你仍存在升遷奢望的話，出路只有一條 —— 努力迎合公司的「氣質」。

2．心地善良的同事

在選擇你的同事時，你應該選擇心地善良，水準比你稍低的人更適合。心地善良的人不會加害於你，不會在你提升的關鍵時刻給你腳下使絆，讓你栽跟斗。水準低一些可以保持他們對你的尊敬和信服，顯示你的高明之處。

在人才流動中，不少人願意從大都市、大機關、大企業等高層部門向鄉鎮、區街等基層部門流動，其原因就在於要避開強者之間的競爭，尋找發展自己才能的空間。

3．不同標準的領導者

在職場中，對於起點基本一致的人來說，機會應該是相近的。但是在現實中卻有的升遷得快，有的升遷得慢，有的沒有得到升遷。升遷得快的人在談起他們的進步時，總是把主管的幫助和提攜放在首位。升遷得慢的人，也往往對自己的主管流露出一種哀怨的情緒。所以，選準主管對獲得升遷是十分重要的。

選擇主管時，不僅需要看主管的思想意識、他們對部下的關心程度及提攜部下的能力等，還要看他們能否接受你的意願、想法，以及你的興趣。

有一些人在工作中追求的是職務的升遷，有的人則是追求比較安定的環境，有的人是追求比較高的經濟收入，還有的人是為了事業的充實，也有的是圖名聲。目的不同，對主管的要求自然不同，選擇主管的標準當然就不一樣。

假如一個年輕有為，才華學識都在平常人之上，在前程上被人普遍看好的主管，他們積極上進，對團體榮譽看得很重。你如果跟著這種主管做，除了受累，在個人利益方面可能有些不如意。但是，一旦他被提升，不僅會給你空出位置，而且還有利於你今後的進步。這主要是因為他日益增大的權力更有利於對你的提攜；還有就是，他的積極奮進的鬥志和由此帶來的成功也會對你的升遷非常有利。

讓主管優先提拔你

1‧努力獲得老闆的青睞

要想獲得加薪、升遷的機會和其他工作報酬，至關重要的因素是你所顯示的非凡的工作能力，以及你與老闆的良好關係。怎樣獲得老闆的青睞呢？以下六點建議可供借鑒：

(1) 弄清老闆的意圖

做每件事情，首先要讓老闆知道你熱切的期待他的事業成功。為此，你可以在他面前不時談論他的抱負或目的，並盡力做一切有助於其達到目的事

情。你的職責就是幫助老闆實現他的真正的意圖。但老闆的意圖是什麼呢？有時候答案很明瞭，有時候你就得花點腦筋。

湯姆是一家電腦公司的銷售代表，他很滿意自己的銷售業績，不止一次向老闆解釋，他為說服一家小電腦商買公司產品費了多大工夫。但老闆只是點頭微笑而已，然後告訴他：「你怎麼不多考慮一下那些一次就訂三百臺的大客戶呢？」湯姆恍然大悟，從此他開始把注意力從那些小客戶轉到大批發商身上，使生意做得更大。

(2) 做老闆的參謀

用不著拍馬屁，你也可以在各方面顯示你的忠誠。拉姆茲是一位負責國際市場業務的副總經理的助手，有一天接到一個急任務，根據老闆的指示趕製一份圖表。製圖表時，他注意到老闆寫的：「當美元堅挺時，出口會成長。」拉姆茲清楚這話反過來說才對，於是就改過來並告訴了老闆。老闆感謝拉姆茲糾正了他的疏忽。第二天，老闆的發言相當成功，更是對拉姆茲的工作能力讚賞有加。

(3) 助老闆一臂之力

當你一味追逐個人目標時，你就會很容易忘記你受重用的最基本條件：老闆認為你會助他成功的。

雪斯是一家器械連鎖店的經理助理，他和經理莫尼卡一致認為，如果公司擴大，生意肯定會翻倍，可莫尼卡一直不能使上級管理部門相信擴店會帶來可觀的利潤。在一次會議上，一位上級負責人問雪斯工作得怎樣，雪斯答道：「我喜歡莫尼卡的工作態度，把所有商品和顧客擠壓在這麼小的地方，換了其他經理，早該嘀咕了。上週，我們就不得不直接在貨車上經銷電視機。

要是我們有更多的空間就好了，顧客準會更滿意。但我們從實際出發，盡力而為。」不出幾日，公司給莫尼卡的店增加了一個門面，果不其然，小店銷售額頓時上升。莫尼卡對雪斯出色的表現大為讚賞。

(4) 為老闆排憂解難

要想升遷的一個重要環節，就是要時刻幫助你的老闆解決棘手的難題。雷司是一所大學的負責註冊工作的主管助理。主管羅傑爾所掌管的註冊系統很混亂，許多班級名額超員了，可有些班人數又太少而面臨停課的危險。雷司向羅傑爾自告奮勇，領頭去加以改進，羅傑爾高興的答應了。結果系統大為改觀。當羅傑爾提升為一所聯合大學的註冊主管時，他提升雷司為副主管，雷司幫他改進註冊系統一事使他賞識。

(5) 奠定良好的群眾基礎

當你所在部門提升的希望很小時，就需你不遺餘力的展示自己，盡可能在公司中建立眾多的聯繫，並極力推銷你業務中各方各面的優點，在同事中樹立良好的聲譽，得到同事的配合和支持，從而得到老闆的注意和賞識。凱特是剛從大學畢業的電腦系研究生，進入公司後發現公司裡人才濟濟，和他學歷相仿的人也不少，看來提升的希望是很小的。於是他發揮自己在大學裡的電腦專業的特長，使公司生產效率一下提高了不少，在公司裡享有良好的聲譽。不久凱特就被老闆提升為業務副主管。

(6) 讚揚主管

許多經理都想得到下屬的恭維，你可以在這點上使他們滿意。如果他做成一筆大生意，你也可以說：「我真佩服，您究竟是怎樣搞定這一筆大買

賣的？」

　　向上一級主管讚揚你的經理可以得到出人意料的回報。但千萬注意不要用諸如「鼓舞人心的主管」之類含含糊糊的話來奉承。好的恭維應該是具體並且讓主管聽了也順耳的。卡爾是一家公司業務主管，在一次董事會上被問及工作怎樣時，他回答道：「總管史密斯先生可是個懂管理的專家。他一直努力使公司業務繁榮，欣欣向榮，而且管理得井井有條。此外，他還很注意與職員溝通感情呢！」事後，史密斯先生對卡爾說：「真高興得知你我有一致的管理風格，現在告訴我，你有什麼困難沒有？」

　　培養與上級良好的關係不僅使你獲益，而且使你踏上成功的階梯，你同時也已幫助你的老闆和公司做了一件很出色的工作。

2．想要得到上級提拔要特別注意的幾個問題

(1) 要讓主管提升就不能過分謙虛

　　在通向金字塔的道路上每一步都是競爭的足跡。因此，當你了解到某一職位或更高職位出現空缺，而自己完全有能力勝任這一職位時，保持沉默絕非良策，而是要學會爭取，主動出擊，把自己的想法或請求告訴上級，這樣往往能使自己如願以償。特別是上級已經有了指定候選人，而這位候選人在各方面條件都不如你時，本著對自己負責的態度，應該積極主動爭取，過度的謙讓只會堵死你的升遷之路。

　　要取得期望中的成就，就應勇於為自己創造機會，不要相信「機會只有一次」的格言，機會是會不斷出現的，問題是它瞬間即逝，就看你如何去抓住它。你心裡可能還會暗自說：「我真的不行，現在都已經很吃力了，怎麼還能承擔新任務呢？」這種想法對將要承擔新任務的人來說很正常，但只要有

勇氣去承擔，很快就能適應其新工作。它就像學游泳一樣，壯膽跳進水裡，兩腿狗爬式的蹬水，很快就能學會蛙泳。

一個好的職員只能提建議往往是不夠的，他還有責任以自己的工作成就、技能、才幹和潛力來吸引老闆。只要自己有能力，就應大膽的向老闆毛遂自薦，表示自己願意承擔更多的工作和責任。

年輕的下屬安德拉約見老闆，要求商談一下對於他和老闆以及公司三方面都至關重要的問題。

他信心十足的對老闆說：「先生，直言不諱，我覺得自己有才華、有能力勝任更多的工作和承擔更大的責任，現在我一切都準備好了。」

言簡意賅，直截了當，只用三句話，就恰到好處的強調自己願意承擔更多的工作，這也正是老闆所期待的。安德拉就是借助這種毛遂自薦法，一步步升到公司副總裁職位，後來又有了自己的公司。

當下級向上級提出請求時應講究方式，不能簡單化。宜明則明，宜暗則暗，宜迂則迂，這要根據你上級的性格、你與上級及同事的關係、你的知名度等因素而定。「明示法」，即透過口頭或書面形式直接明確的向上級提出自己的請求。「暗示法」，即在與主管溝通（包括談話或報告時）過程中做出某種暗示，如「我要是擔任某職會怎樣，會比某某更恰當」等。「迂迴法」，即由他人轉達自己的請求，而這個人最好是上級的知己。究竟採用哪種方法更有效，則應視情況而定。

(2) 選擇適當時機

通常應該在上級情緒好的時候這樣做如果他的異常愉快是由於你的成績引起的，那就更妙了。選擇時機非常重要，把你的要求作為工作日中的第一份報告呈獻給上級往往很難奏效。

(3) 用事實證明你的成績

與其告訴上級你工作得怎麼努力，不如告訴他你究竟做了些什麼。可以試著用一些具體的數字，尤其是百分比來證明你的實績。同時，要避免用描述性的形容詞或副詞。譬如：不要說：「我同某某公司做成了一筆生意。」而說：「我與某某公司做成了多少萬元的生意。」這也就是說，盡可能的讓事實替你說話。

把最後一點擴展開去，你也許會發現最好什麼也不說，而是簡單的把寫的報告給上司，總結一下你的工作。如果你這麼做，白紙黑字，詳盡成績，就使他能及時了解你的成績，而且日後也能查閱。同時，也就用不著去說那些聽起來使人覺得你自吹自擂的話了。

(4) 向主管指明提拔你的好處

不可否認，這並非那麼容易做的，因為你是申請人，上級則是決策者，而有關你各方面的資料又有限，因而是否滿足你的請求需要考慮。然而，如果再仔細的想想，還可以拿出理由，說明你所期望的提升對於授予者不無裨益。

假如要謀求提升，還可以指出權力的擴大會使你為上級完成更多的工作，更有效的處理你手頭上的事情，而如果想得到加薪而別無他求，那麼你告訴他這可以讓別人認識到出色的工作是會得到獎勵的。要使人信服的證明你的提拔使他得到好處，你確實需要動一番腦筋，但是努力多半是不會白費的。

掌握升遷的技巧

不論哪家公司都喜歡從公司內部選拔人才。這樣既可確保升遷者的素養又有助於振作員工士氣。正因如此，你應該學會讓自己成為要有抱負、可靠、能幹的人才，這樣更容易被你的同事們看到。因為隨時能出現在需要的場合的人才是公司最需要的。

這就需要你要讓主管注意你並且知道你正在充滿活力的忙於推動公司業務。不要避開「聚光燈」，將你對公司的興趣表現出來，公司自然也會對你有興趣。

1・參與特殊的工作

主管通常更關注一些特別計畫而不是那些日常活動。參加一些特殊的工作是展示你的能力，以及讓主管注意你的一個好辦法。

2・關注各種會議

參加會議前要了解會議的主題並準備好充足的資料。要坐在前排，問一些經過深思熟慮的問題。

3・對主管的要求和指示要作出積極的反應

別讓他們奇怪你怎麼還沒有答覆。這意味著你要即時以書面備忘錄形式做出答覆。

4・適時地出謀劃策

別老是猶豫不決或害臊。如果你覺得某個主意很棒，公司也很可能這麼想。

5・學會與人溝通

做生意其實就是想法和資訊的交流，工作就是每天溝通主管和一線員工的想法。

掌握以上這些技巧，將對你的升遷之路更為順利，更有利於你平步青雲。

給老闆找一個讓你升遷的理由

在職場之中，你的主管不會平白無故的給你升遷。主管給哪些人員加薪，給哪些人員升遷，或把哪些人員「炒魷魚」，都有他自己的理由和依據。雖然沒有一個固定的程序能夠確保你獲得升遷和加薪，但是你要得到升遷和加薪，也是要具備一定條件的。在你具備一定的能力之後，就需要你給主管找一個讓自己升遷的理由。

1・毛遂自薦

當你知道某一職位或更高職位出現空缺並且自己完全能勝任這一職位時，保持沉默絕不是良策，而是要學會爭取，主動出擊，把自己的想法或請求告訴主管，盡量使你如願以償。

2・預先提醒

在正式提出問題之前，應向主管做出一兩個暗示，表明你正在考慮這個問題，這樣就不會在商量的時候造成主管毫無準備。

如果主管確信給予你提升是出於對大局利益的考慮，那麼，你將會大有希望，要把握好這次機會。若你的主管有所保留的話，你了解了其中的原因

後，會發現你選擇了錯誤的職業或這家公司並不適合你。

3・用事實說話

你的要求一旦遭到拒絕，轉而用辭職或不辭而別來威脅主管的做法往往會引起主管的不滿。即使主管屈服於你的威脅，但你卻失去了他的信任。

其實你簡單的寫一份報告給主管，總結一下你的工作，詳盡列出你的成績，就能使他及時了解到你的業績，並且日後也方便查閱。

找對影響你升遷的「命門」

在金庸、古龍的武俠小說中常有一些練就一身絕世武功的高手，他們鋼筋鐵骨，刀槍不入，但也常常會有一兩處容易被人置於死地的穴道，也就是所謂「命門」。「命門」不被人發現便罷，一旦暴露出來，性命危矣！

作為職場老手或者是新手的你，功夫練到了何種火候，你的「命門」何在呢？若有以下某種情形，多半是命門暴露，你與升遷機會將失之交臂。

1・身無長處

在科學與技術飛速發展的今天，如果你沒有過人的天賦和超人的勤奮，那你就不要把自己造成一個「全才」，但必須要有一技防身，不能身無長處，否則，你將與升遷無緣。

2・缺乏團隊精神

社會是由人組成的。要想辦成一件大事情，一個人的力量是有限的，特別是新科技的飛速發展，使得社會分工越來越細緻化，一項工作的完成往往需要在整個團隊的共同合作下才可能高效率的圓滿完成。所以，在未來社會

中，每個人都離不開團隊，離不開夥伴的合作。沒有團隊精神的人，自然也不會是一個受歡迎的人。

3．毫無創新精神

在這個瞬息萬變、競爭激烈的社會中，那些勇於開拓、勇於創新的人越來越受到重用。如果你是個等別人發一發指令，你才動一動的「機器人」，那麼你一定會落在被淘汰的隊伍中。

4．低效率行事

這類人動作遲緩，不會靈活應變。雖然說他的工作態度認真負責，讓人同情，但在這個快節奏、高效率的激烈市場競爭中，誰還會同情你呢？當然，最後還是會被激烈的競爭大潮所淹沒。

5．求全責備於他人

每個人在工作中都可能有失誤。當工作中出現問題時，應該協助去解決，而不應該只在一旁評論指責，求全責備。特別是在自己無法做到的情況下，讓別人去達到這些要求，會很容易使人產生反感。長此以往，這種人在公司沒有任何威信可言，自然也禁錮了自己升遷的腳步。

6．失信於人

已經確定下來的事情，卻經常變更，就會讓別人無所適從。做出了承諾，而不能兌現，就會在大家面前失去信用。這樣的人，公司也不敢委以重任。

做好升遷機會的準備

為機遇作準備，並不是一件困難的事情，每個人都能做到，也不像一般人想像的那麼神祕。只需在以下幾個方面注意就可以：

1‧身體健康

「身體是革命的本錢」，當然，身體也是你獲得升遷的本錢，這一點毋需再作進一步的說明。

儘管你有很好的才幹，但是如果你體質羸弱的話，老闆是不願把重任交託給你的，因為他會懷疑你的身體不能承受這樣的負擔，反而會誤了大事。力不從心是最悲哀的。因此，為機會來臨所做的第一項準備，就是保持強健的體魄。

充足的睡眠、適當的運動和均衡的營養，是三大保健要素，缺一不可。另外，每年進行一次身體健康檢查，也有助於你及時發現潛伏性的疾病，以便迅速採取必要的治療措施。

現代都市人的娛樂生活往往離不開看電影、逛街、打麻將等，因而完全不理會精神與體能的運動均衡，這是非常有害的。不充分注意這一點，就會令人在不知不覺之間，形成精神負荷過重，體能也越來越衰弱。神經衰弱就會讓人無法擔負起更大的責任，而且也會使人容易遭受各種挫折的打擊，變得一蹶不振，就更談不上能有大的發展了。

改善上述缺點的有效方法，一是要注意精神鬆弛，保持輕鬆愉快的心情；二是別太執著於得失對錯，能不想的事情就別去想它；三是學會體諒別人，「得饒人處且饒人」，多從別人的角度去考慮問題。能夠做到這三點，你的精神負擔就根本不會那麼重了。

另外，也要適當進行運動，俗話說「生命在於運動」，「流水不腐」，就是這個道理。

如果沒有時間去公園跑步，可以購買一些簡易的健身器材，放在家裡，在臨睡前或起床後，每天固定做半小時運動，使身體有機會排泄汗水，然後再洗一個澡，精神和肌肉就會得到調解。

2‧人際關係良好

人際關係是由人與人之間的各種緊密連繫組成的。如果一方主動表示友誼之後，而另一方毫無反應，就無法建立關係。我們常說「感情是相互的」，就是這個道理。

有些人只選擇有影響力的人做朋友，而看不起職位卑微的人，這是升遷的大忌。

在現代社會，人與人在人格和尊嚴上是平等的，沒有什麼高低貴賤之分。假如「狗眼看人低」的話，就會自食苦果，這種人不會有市場，人們根本也不會買帳。因而，不要人為的製造一些升遷的障礙。記住，人際關係不好的人是無法得到升遷的。

所謂「十年河東，十年河西」，萬事萬物都處在不停的發展變化之中。人的前途也是如此，不會一成不變。今天的實習生，憑著個人的努力，明天就可能登上高位，比你還光耀。

因而，你要用發展的眼光來看待自己周圍的人。不要小覷任何人，說不定別人的發展前途比你現在要好得多。

人際關係是否良好，直接影響你的升遷機會。一些潛在的因素姑且不論，單就表現來說，某些職業明顯要求員工需具備良好的人際關係，這樣對公司的經營有利。和外界的關係越好，你獲得的加薪幅度就越大，升遷的機

會也越多。

建立良好人際關係的祕訣有四個字：主動、熱誠。雖然你不一定要做到「愛你的敵人」，但是，在最低限度上，你也不要抨擊他。這樣做，實際上對你本人好處更大，因為可以讓他疏於防範。為自己考慮，你也不要使更多的人對你戒備森嚴、虎視耽耽。

3．學會克制自己

在人生的過程中，你必定會遇到許多看不順眼的事，同時，也會遇到不少利益的誘惑，從而不小心做出過於激烈的反應和悖理的行為。這種行為，有可能直接影響你的事業和前途。因而，你必須具有克制自己的能力，免得一敗塗地。

比如：盜用公款在一般人看來算不上什麼，其實，這是非常嚴重的辦公室罪行。無論所盜款項的數目是多是少，性質都是一樣的，其行為必然已被判斷為不可信任。有了這種印象之後，老闆永遠都不會升遷你。

由此，「一失足成千古恨，再回首已百年身」，若想挽回殘局，比登天都難。

因此，在工作之前，必須確定自己的目標。這個目標，不是眼前誘人的鈔票，而是更大更遠的長久利益，即升遷加薪。

此外，對於一些意氣之爭，應當以平靜的心情去處理，這樣反而能獲得更好的結果。如果互相謾罵，甚至拳腳相加，只能適得其反，給人留下可怕的印象，使自己的形象受損。

4．嚴守紀律

大多數老闆非常重視員工的時間觀念，也將其列入加薪和升遷的考慮

根據。當然，老闆本人有可能並不守紀律，但這並不等於說，下屬也可以這樣做。

務必了解老闆對下屬的要求，盡量做到嚴守公司的紀律，這是為升遷加薪所作的準備之一。因為嚴守紀律，別人才會對你表示服從和服氣，如果被升遷的人沒有紀律觀念，散漫異常，員工們必然不服，因而這種人的升遷之路是很難走的。

5·主動尋找問題

無風無浪、沒有挑戰性的工作，做起來儘管輕鬆順利，但卻不能顯示你具有更佳的潛力。商業社會是「攻」的世界，只重「守」的人是不能達到更遠大的目標的，更談不上脫穎而出了。

因而，假如你所從事的是一份稀鬆平常的工作，就應當在平淡的工作之中不斷尋找出新問題，使老闆能注意到你的進取精神。

這種進取精神，會使老闆感到你是一個取之不盡、用之不竭的寶藏，因而對你會更加器重，也會想著把你提升到一個更高的職位。

當然，你所發掘和創新的事，必須有豐富而充分的證據支持。假如胡亂創新，老闆就會認為你是在浪費他的時間，如果三番兩次都是這樣的話，老闆肯定會很厭惡你。

6·關於解決問題

老闆所需要的員工，除了擅長於發掘和創新之外，也要求具備解決問題的能力。

對於現實存在的問題，或經由你發掘和創新的問題，如果你能夠提出周密、詳盡的解決方案，或者給出別具匠心的方案，就可能得到老闆的賞識，

從下層中脫穎而出，為你的升遷鋪平道路。

要善於解決問題，這就需要企業新人平時多留心周圍的事物，多思考，多用心，而且要注意學習新知識，遇到問題多問為什麼，經常嘗試設想解決方案，並論證其可行性。只有常常鍛鍊，方能在實際解決問題時遊刃有餘。

對公司升遷規則要熟悉

不管哪一個公司和部門，都有自己的一套用人升遷的規律和程序，熟悉這些規程，將有助於你的升遷。

1‧推薦委任

一般情況下，這包括：公司推薦、群眾推薦、側面推薦。前兩種是下級向主管的系統推薦，後一種推薦則是了解某人的公司或個人向被推薦者主管或向一個公司推薦，主管根據推薦進行考查合格後方可委任。

推薦幹部往往根據工作的特殊需要，如某個職位、某項工作、某項職務缺乏某方面的專業人才，而選拔、選舉中暫時又難以發現這方面的人才，就只有透過推薦找到合適的人選。

2‧考試錄用

考試錄用一般有公開性、競爭性、直接性的特點。因此，升遷追求者投機的機會是不大的，這需要你自己長期儲備，綜合素養和個人素養以及實踐經驗都應有一定的累積。

考試錄用人才一般不是直接進行的，還要透過選舉和委任來錄用幹部，所錄用的人才一般主要是專業技術人員中的管理者、總經理祕書、助

理等等。

3·民主選舉

現在群眾選舉越來越普遍，對個人升遷也越來越重要了。選舉對一個人的提拔有幾方面影響。

1. 群眾選舉是證明一個人的威信大小的證據。
2. 群眾選舉是在廣泛的基礎上對人才的檢驗，有一定的真實性也有篩選性、競爭性。因此，要爭取多數選票，才能順利升遷。
3. 在選舉中要塑造好自己的形象，開放的人較受歡迎。
4. 制定一個全面、具體、可行、針對性強、有創意的施政綱領至關重要，所以，想以此為升遷突破口的人平時要深入群眾，了解群眾的呼聲和利益。

4·招聘錄用

公開招聘錄用人才已越來越普遍，你有必要了解其步驟。

1. 招聘公司公開刊登招聘廣告，對招聘工作的性質、業務範圍和應聘人才的學歷、資歷、業務、年齡等方面都有一定要求，同時還寫出服務地點、時間、錄用程序及被錄用後的待遇和權利。
2. 考核。應聘者先向招聘公司申請，然後交上自己的履歷，再參加筆試、面試，考試一般包括基礎知識和業務知識。
3. 根據考試成績篩選，一般透過招聘小組進行討論，有時還有複試，最後確定被錄用者。

挖掘升遷機會

機會無處不在，關鍵在於你如何去發現，如何去挖掘。

要發現機會，尋找機會。首先，要有開闊的胸懷、廣闊的視野，把眼光放在更廣闊的領域，而不是局限於某個狹小的範圍內或某個單純的管道上。其次，要善於分析，「撥雲見日」。機會常常改裝打扮以問題面目出現，如對某一重要問題的解決本身就為下級的升遷提供了良機。再次，要樂觀，不要僅看到眼前的問題，而要發現問題後面的機會。美國著名行為學家魏特利博士說：「悲觀者只看見機會後面的問題，樂觀者卻看見問題後面的機會。」當然，發現機會是以主體自身的才能和努力為前提的。

華籍留學生小林在美國某研究所就職。一天，室主任請他看一份規劃報告，準備小林看後呈送所長。小林看後認為：「這個報告不行，如果按照它辦理，將會導致失敗。」他向所長大膽的談出這一看法，所長說：「既然他的不行，那麼就請拿一份行的出來吧。」第二天他拿了一份報告呈遞所長，得到了所長的大力讚賞。一個月後，他就被提升為室主任，原主任因此而被解雇。在這個例子中，如果小林不善於抓住向所長表現自己才能的機會，就很難得到所長的重用。

宋太宗統治時，發生了「潘楊之案」。「潘楊」指的是潘仁美與楊延昭，一個是開國功臣，堂堂國舅；一個是鎮邊大帥，世代忠良。這個案子在當時是一個燙手的山芋，誰也不敢去接，生怕一招不慎，輕者革職流放，重者凌遲處死、株連九族。

當時的晉陽縣令寇準卻發現這是一個升遷的好機會，他認為這個案子如果辦好，可望升為南太御史甚至宰相，官運亨通。於是寇準果斷的接下「潘楊之案」，並實事求是公正決斷，深得皇上的信任與賞識，終於升為宰相。

第七章　成功升遷零阻力

發現機會，有時也不能眼睜睜的盯住前門，還要注意後面的窗子。另外，成功往往與冒險是一對孿生兄弟，如果不敢冒險，遇到困難繞著走，那困難背後的甘果也不會被你摘取，而你也只能平平庸庸的度過自己的一生。敢冒險的人不一定會成功，但成功的人很多都是因為他們冒過險。

清除升遷的障礙

在你工作的地方，你的同事都升了職，而你卻仍在原地踏步，於是你感到很茫然，你很徬徨，你憤憤不平。但不知你可否曾經認真的在自己身上找過原因，想想自己有哪些過失？以下是職場人士最容易犯的錯誤，嚴重妨礙了他們的升遷，你是不是也有了同樣的現象？你不妨對照一下，作一番自我審視，也許可作為前車之鑒。

1・性格缺損

小龍在他們出版社裡裡外外都是個公認的能人，他負責的幾套叢書為出版社帶來了雙重效益，書商們也常常找人遊說他幫著做些選題企劃，並給予豐厚的報酬。按常理來說，他的資歷和能力早該得到提升了，可是他至今還是個普通編輯。在他眼裡，社裡平庸之輩太多了，張三李四都成了他評說的對象，就連社長他也不放在眼裡。於是一到考核之時，同事們都說他不好共事，並表示自己不會到他所負責的部門工作，於是他成了「孤家寡人」。而主管們一談論到他，也是無可奈何說：「可惜個性太強了！」因為他的個性，他在眾人眼裡成了一個處處與人過不去的「反對派」，被公認為一個有工作能力卻不懂得與「群眾」溝通的人。可想而知他想要升遷已經是不可能了，因為有誰還敢對他委以重任呢。

以下的一些行為也同樣值得注意：愛對同事發脾氣，喜歡成天抱怨，或是過於獨斷獨行等。這種性格缺損症，對你自己來說只是個性的問題。

可在職場上，卻是阻斷你升遷的障礙。那麼，怎樣改正這些缺點？你不妨對同事多點寬容和尊重，工作上多點合作精神，談論工作或是提意見時多考慮些必要的「技巧」，那麼升遷便是自然之事了。

2・知識老化

在某公司做了十多年財會工作的小琳連年獲得公司優秀員工稱號，是部門經理的熱門人選，可最後公司高層卻沒有任命她，而是從外頭招聘了一個善於電腦操作，說得一口流利外語的「外人」。其實這並不是主管對小琳有什麼不滿，主管早就想栽培她，多年來幾次提出送她去進修，可是她卻以工作忙並有家庭拖累為由婉拒了主管的美意。由於不及時給自己「充電」，知識日趨老化，難以應對新的挑戰，自己的位置也只能「原地踏步」了。

隨著科技的發展和時代的進步，會不斷出現新知識、新技能，需要我們不斷的「充電」，以及吸收有利於自己的知識，才能使自己適應形勢的發展，立於不敗之地，在不斷創造出效益的同時，還可增加自己在職場上的籌碼，讓自己擁有更多的升遷機會。

3・私心過重

佳佳在雜誌社裡算得上是個拔尖人物。不久前雜誌社爭取了個刊號，要再辦一本財經類雜誌，物色主編時，佳佳是最熱門的人選了。可在開會討論時，幾位主管都心存疑慮，因為大家都知道佳佳私心太重，不僅頻頻的與其他同事明爭暗鬥，還在暗地裡收取「好處」。而新創刊的雜誌潛藏著巨大的商機，版面有很多可利用的地方，如果私心過重，很容易在操作過程中牟取私

利。基於這種顧慮，主管最後任命另一位編輯為主編，佳佳一氣之下只有一走了之。

由於私心過重的人往往會損害團體的利益，並影響職場上人際關係的和諧，甚至會產生腐敗行為，因而這類人很難得到主管的提拔。最好的辦法是把眼光放得長遠些，不要為了一點蠅頭小利就與同事鬧得一塌糊塗，攪得公司不得安寧。

4．太重於名利

小李任職的廣告公司是集創意、運作為一體的一家大公司，每次由她嘔心瀝血寫成的廣告企劃，交到主管孫女士手裡後，企劃人就變成她和孫女士兩人的。她實在氣憤不過，與孫女士發生了好幾次摩擦，因此受到壓制，難有出頭之日。

現實中只要有上下級關係存在，諸如署名問題就會經常發生。你應學得豁達一些，以事業為重，否則就只有做自由職業者。

升遷主動出擊法

有時候，升遷需要你去主動出擊，而非等待，有些機會是等不來的。一旦你掌握了一些可行的方略，你便該行動起來，這樣你才能戰無不勝。

1．知己知彼

想在公司中得到升遷，你一定要搜集各種資訊情報，方能知己知彼，百戰百勝。但是如果你用請教的方式去尋求人家告訴你，恐怕不見得奏效。所以要熟悉同事及主管們、競爭者的工作內容與進度，了解所需的技巧與經

驗，要從仔細觀察、小心求證、表現濃厚興趣等方式下手才行。

2‧功勞大家分享

如果你作為主管地位的經理，想把企業的成績歸功於個人，這就像一個打著同上衣不匹配的領帶出門一樣不合適。

3‧別輕易施壓

不要輕易嘗試施壓。你要仔細斟酌你的能力，是否足以令主管感到壓力重重。要知道，令主管心中不快的事哪怕只有一次，他就可能解雇你。

4‧掌握適度的上班時間

在星期一早上，如果你能比其他人都早到一些，喝一杯濃縮咖啡，即使只是趁別人還沒有進辦公室之前查查自己的電子郵件，或者整理一下辦公桌，都會讓自己提早進入工作狀態。同時跟四周的人比起來，你的精神顯得特別愉快，也絕對是當天最讓主管眼睛一亮的員工。

5‧下班時間恰到好處

你的工作效率可能比別人都高，那麼你應該去幫助顯然今晚必須要加班的人，問他有什麼可以幫忙的。就算你到頭來什麼都使不上力，光是這一點心意，就夠讓人感動的了。但是切記，一定要出自誠意，別忘記整個團隊的成功，才能讓你的優秀表現更傑出。讓團隊裡其他人顯得灰頭土臉，不但不會讓主管認為你的能力比其他人高強，反而會覺得你的工作太過輕鬆，並且沒有團隊精神的概念。

6．永遠保持精神抖擻

越是疲倦的時候，就越是要穿著得整齊一些，讓人完全看不出一點倦容。如果是女性，還要化個淡妝。這個小小的技巧雖然非常容易做，但是一般人卻都忽略了，這往往會不利於自己的職業形象。

7．建立專業形象

一個員工究竟是否專業，常常不是以學歷，或者工作的時間長短來決定的，而取決於面對面接觸時判斷事情的態度。所以無論如何，尤其是在一個新環境中，要盡快建立起一個固定的形象。

8．充滿自信

凡事都向主管請示，不負責任或害怕負責任的人，通常都缺乏創造性，所以他們對於企業的發展沒有什麼好處，更不可能為主管分擔工作，或者去完成一些富有建設性或創造性的事情。而那些在工作中有信心有主見，勇於開拓創新的人，才是有創造潛能的人，他們給主管帶來的收益是高附加價值的。

9．努力工作

將「那不是我分內的工作」這句話從你的字典中刪掉。當主管要你接手一份額外的工作時，請把它視做一種讚賞。這可能僅僅是一個小小的考驗，看看你是否能承擔更多的責任。那些不願做額外工作的員工，事業將會停滯不前或被那些任勞任怨、熱情而勤奮的同事甩在後面。千萬不要對你的主管說「不」或「我沒時間」，那聽起來就像你不願服從他。你應該使用「請您放心，我會想辦法完成這項工作的」等語言來回答。

10‧深藏不露

主管最希望能夠擁有這樣的人才，並要求下屬做到，在這種主管手下工作的下屬只能把自己的抱負深藏起來。

升遷中的妙棋任你走

或許你在公司中已經算得上是「老鳥」了，眼看著後來者扶搖直上，你可能會感慨自己在主管心目中的位置不如他們，一種沮喪之感油然而生。其實，職場如棋局，開局不妙，後患無窮。回顧昨日，你或許會發現自己其實沒有太大的過失，而只不過像下棋一樣走錯了幾步而已：

1‧總是認為自己「人微言輕」

初來乍到，保持一定的慎重是必要的，但這並不意味著大小事情都要保持低調。有時主管為某事徵詢下屬意見，你總是「論資排輩」等人家說完後你再附和幾句；碰到棘手的事，你本來可以一個人解決，但你怕人家說你自作主張，便總是左請示，右彙報。長此以往，主管就會把你看成可有可無的角色。

2‧不重視身邊的「基層主管」

雖然「小主管」不能最終決定你的命運，但他畢竟是你直接接觸的主管，與你朝夕相處，對你知根知底。在分工日益精細、操作更加程序化的現代社會，老闆不可能事事和底層員工直接聯繫，那些所謂的「基層主管」便能基本上左右你的前途，忽視他就等於放棄了眾多的機會。

3．總抱著「此處不留爺，自有留爺處」的思想

有的員工上班時堂而皇之的看招聘廣告，甚至常常把「別的企業出多少多少錢請我」掛在嘴邊上，用以威脅主管。其實，有本事你就乾脆跳走，又何必威脅主管？

好在「棋」還未走完，為了不至於「中盤認輸」，你有必要走出以下妙棋，它能助你更快走向成功。

1．「一朝天子兩朝臣」

說你「做作」也罷，「易變」也罷，你大可不必以此視為升遷路上的障礙，更不能把同事或主管流露出的對你暫時不利的看法當做徹底的不信任，千萬不要把「反正我在他手裡是沒戲了」作為自己工作敷衍的託辭。你要相信「一朝天子兩朝臣」，你應盡力把本職工作做好，不要過度講究「職責分明」。

2．主動地給自己一些壓力

到公司的第一年，你可能是個毛頭小夥，那第二年、第三年呢？要想增加自身的含金量，非得主動加壓不可。比如初到報社，你或許只能做校對或者給讀者回信的工作，但隨著主管對你工作的認可，為什麼不可以多寫些稿子向記者的方向發展呢？情況熟了，「版面」廣了，為什麼不以版面編輯的職責來嚴格要求自己呢？主動給自己加壓，任何努力都會有回報，或許在你默默的、光明磊落的「表現自己」的時候，你的主管已經在一旁微笑的注意著你了。

3．提高效率

每個人的性格不同，對待事物的認識和反應也就不同，對待工作的態度

也不會完全一樣，做事的效率也就有了快慢之別。但有一些人，開始不抓緊，直到無法再拖時，才快馬加鞭的去完成。有些人缺乏與同事配合的觀念，把早已經辦好的工作，不是及時的交給下一道工序的人員，而是壓在自己手中，直到最後才慢吞吞的交出來，造成後面人員的工作壓力。這就是說在工作中，你一定要學會相互協調配合，在自己這個工作環節，盡可能的抓緊時間提高效率，及時將完成的工作傳交給下一道工序，使他們能夠有充足的時間去完成後面的工作。因為只有能夠考慮全面的人才能夠走上主管職位。

4·抓住靈感

你對事物要有敏銳的觀察力和感知性，靈感往往是稍縱即逝的。現代社會，無論從事何種職業，都離不開與他人的接觸，有接觸就會有碰撞，有碰撞就會產生火花。這一剎那的火花，就可能是一個新的創意，而這樣的創意往往會給公司來很大的利益。抓住了它很可能就為你增加更多升遷的機會。

好馬也吃回頭草

無論是什麼原因導致你離開了原來的工作公司，可那畢竟是你生命中一段不可抹去的記憶，再怎麼灰暗，總有你值得留戀的地方。儘管你已經不是他們的員工了，可大家畢竟共事一場，還是朋友，所以經常打個電話或寫封電子郵件，或者親自回原公司與老同事、老主管們敘敘舊，應該是一件非常愉快的事情。能進能出，能屈能伸，這才是一個成熟的職場人士的基本素養和做人的風度。

這個世界說大也大，說小也小，說不定哪天，兩個分別多年的朋友就不

期而遇了。何況在職場，在這圈子裡的人多半固定於某個行業，這樣你們相遇的機率就更大得多。老百姓口中那句名言「好馬不吃回頭草」已經嚴重過時了。形勢是隨著時間的變化而變化的，當初離開也許是因為「草」不對我的胃口，當它已經符合我的口味時，為什麼我不吃「回頭草」呢？說不定「回頭草」更好吃、更有價值呢！

　　有一位優秀的職業足球教練，自從接手一支毫無進取心的球隊以後，就一直焦頭爛額，因為俱樂部高層實在是急功近利，為了獲取好的名次，老是干涉他的工作，並把一些能力平平的球員憑藉關係硬塞進首發陣容當中。還有一些已經被證明是平庸的教練也被派來「配合」他工作，他先進的足球思想和策略戰術總是被這些人大打折扣。每次比賽，高層既想求勝，又不讓他放開手腳，只要他稍微大膽進攻，就被指責為冒進，好幾次都是先進了球，立即全線退守，終於被對手追平甚至反超。有功是大家的，有過卻由他一人承擔。

　　終於，職業教練的尊嚴使他忍無可忍的提交了辭呈。但在新聞發布會上，他臉上始終掛著微笑，對球隊裹足不前的狀況承擔，至於辭職原因，強調完全是個人因素。

　　沒有比較就沒有鑒別力，自從這位教練走後，球隊更加保守，以「保平」為目的，毫無鬥志，被動挨打，成績一路下滑，降了級。於是俱樂部終於明白，一個職業教練的作用是無法用行政措施替代的，他的敬業精神也是無需俱樂部來懷疑的，對於球隊的成功，他本人比誰都看得重。俱樂部經過研究做出決定，重新邀請這位前教練掌舵，並且保證絕對不干涉他的任何分內工作。俱樂部首先向他表達了誠摯的歉意，而且向他做出鄭重保證。這位教練見俱樂部方面態度誠懇，並沒有對以前的委屈耿耿於懷，答應重新執掌帥

印。在以後的工作中他果然沒有受到任何干擾，率領這支殘兵敗將之隊也越戰越勇，當年升級，次年進入區域四強賽，第三年奪取區域冠軍，留下了職業生涯中的又一段輝煌。

所以說，好馬才吃回頭草，因為這時「草」已經更有價值，因為自己的能力又被再一次的證實。

第七章　成功升遷零阻力

第八章
正確對待辦公室中的人際關係

　　每個人都是靠與外界的連繫來生活的，沒有誰能脫離群體而獨立於世，在辦公室之中亦是如此。在職場之中，競爭無所不在。有競爭便會有起有落，誰也逃避不了這樣的事實。所以，身在職場你應該學會利用人際關係網來為自己搭建一個平臺，一個讓自己邁向成功的平臺。

解讀辦公室裡的人際關係

在職場之中，誰都不願意捲入辦公室的爾虞我詐中。遺憾的是，有這種想法的人，並沒有認清自己跟其他人身在同一條船上的事實。那些想要明哲保身、圖個耳根清淨的上班族，最後的下場不只是求仁得仁，遠離是非圈，甚至可能連工作都莫名其妙的丟了，還搞不清楚為什麼。你大可不必跟著別人惹是生非，但千萬別以為潔身自愛就可置身事外，因為辦公室風暴從來都是突如其來的，想要在其中生存，你就不得不與之接觸。

辦公室環境既然是由人構成的，每個個體的行為，就難免會影響到其他人的想法、整體的氣氛與工作的進程，想在職場上發光發熱，除了具備才華，更重要的還有性格、EQ、社交等許多看不見的能力。才華及專業能力，只有在你初為職場新人的時候，能為你的競爭力加分，但當你正式躋身工作競技場之後，真正能讓你存活下來的能力其實是 —— 智慧。這其實就是考驗的你的應變能力、協調能力等各個方面的智慧。

每個企業都會有資源有限的難處，而且難免有分配不均的問題，利用一些手段來增加個人的競爭優勢，並不足怪。每家公司都有兩種組織結構：正式的組織結構是可以用圖表顯示的，而非正式的組織結構就是人際關係。說得簡單點，辦公室政治就是多結交對你仕途有益的朋友，少在同事間結怨。

在辦公室裡生存，你就必須懂得在不傷害別人的情況之下，更好的保護自己。而這樣做，你需要記住以下幾點：

1‧直接面對不逃避

很多人抱著「清者自清、濁者自濁」的心態看待人際關係，以為只要能獨善其身，就可能遠離是非。但實情是，地球上沒有真正的中立國，辦公室

裡也沒有明哲保身的人，只要身在辦公室，便是處在暴風圈，沒有地方可供你藏身。所以，你必須直接去面對它，而不是逃避。

很多人天真的以為，只要自己專業過人，工作腳踏實地，又不惹是生非，總有一天老闆會注意到自己這塊璞玉，但結果往往是事與願違。因為專業不是升遷的唯一指標，躲在電腦後面，不與同事交流的人，很難有機會成為領導者、管理者。公司既然是人的組合，每個人都有自己的優先順序和利害關係，如果學不會如何協調人與人之間的關係，也就別痴心妄想能平步青雲。

2‧與團隊相互成就

要不要在公司裡搞小圈子，一向是職場中的一道難題。孔夫子云：「君子不群。」但團隊工作本來就需要大家合作，想要成功，沒有團隊的幫助，將很難成事。要認清團隊的成功，就是個人的成功，個人對團隊的貢獻度越高，在團隊裡的分量也越重。另外，切記要將功勞與榮耀歸於團隊的夥伴。

3‧找對自己的位置

如果你認為自己是一匹職場千里馬，千萬別再等伯樂出現，也別天真的以為只要埋頭苦幹就能一舉成名。要知道這年頭伯樂也常面臨著自顧不暇的困境，或許他也在苦等他的伯樂呢。適度為自己製造「嶄露頭角」的機會，有助於開展個人事業的康莊大道。

所謂「人要衣裝，佛要金裝」，現在社會商品的銷售多少都要靠包裝，何況是競爭激烈的職場。當你做出某些成績或經過努力而提前完成任務時，別忘了做做個人公關。會議場合是個不可多得的舞臺，適時掌握發言機會，展現個人能力，發出自己的聲音，才能引起老闆的注意。

當然，過度展現更可能招致嫉妒，只要你學會適時把人情做給同事便可以贏得好感，就算為自己買張保單。跟老闆邀功時，把功勞歸諸團隊和主管，再巧妙的提到自己的貢獻。不要害怕別人批評你好大喜功，如果你的努力沒被同事、主管看到，那你就該擔心自己的才華是否會被埋沒了。

4‧正確處理與同事的關係

同一個辦公室裡有年齡、條件相仿的同事實在是件討厭的事，人人都會把你們兩個拿來比較。其實辦公室裡同事間本來就是既合作又競爭的關係，若換個角度想，以健康的心態來看待這種競爭關係，當同事的能力越來越強之時，那就也等於是在無形中促使你提升實力，這不是也很正常嗎？

在全球化時代，本來就不應該把目光局限在一個屋簷下的同事，而應該將全球的菁英視為真正的競爭者，如此一來，自然就不需要把同事當「冤家」看待了。器量狹小、排擠同事的人，一定也會遭到其他人的排擠；把同事當做阻擋前途的障礙，你就難以在辦公室裡立足。對於在辦公室裡跟自己有競爭關係的人，不妨試著去讚美他，或請他幫一個小忙，往往可以神奇的化解彼此間的敵意，在職場上，減少一個敵人的價值勝過增加一個朋友。

在職場中更積極的態度應該是，將能量放在挑戰更高的目標上。真正的敵人永遠等待在你視線以外的地方對你進行伏擊，何不把在內部競爭的力氣省下來向外發展？

5‧擺正與老闆相處的心態

在老闆面前，不必自覺矮人一截。與老闆溝通，只要考慮「天時、地利、人和」，多半會使你出師必捷。所謂天時是「時機」，別挑老闆正在氣頭上時找他談事情；地利是「場合」，若是不適宜在公開場合談論的事情，最好

找機會私下與老闆協商；人和是「話題」，先了解老闆的個性，才知道施力點何在，花最少的力量，爭取最大效果。

6‧正確面對分外工作

一般情況下，你做了分外的事，而且做得很好，你便能得到相對的回報，如新的職位或新的工作機會。或者你私底下幫了老闆的忙，他將來也會還你一個人情。

但事情的發展也可能不如想像的那般美好，比如你接下一個額外的工作，但老闆卻是抱著不用白不用的心態，或把你當成不要錢的傭人來使喚，替他接送小孩兼臨時保姆。也有可能是同事請你幫忙，你不好意思拒絕，擔心會因此影響人際關係。而這種情況發生了一次兩次以後，便使其對你食髓而知味，以後便常常存心占你便宜，這些事都會令你後悔莫及。在辦公室裡私下幫忙，只能偶一為之，而且要讓對方清楚的知道你的分寸底線何在，其自然就不會再三試探。

在一些特殊的情況下，即使沒有報酬你也應該去爭取一些分外的工作，那就是當你想要爭取某個職位，卻沒有相關背景或任何優勢的時候。比如你現在只是一個櫃檯人員，但你想成為公司的業務人員，你大可以向主管表達願意不拿薪水而分擔業務工作。當你具備了一定經驗並向該部門主管證明你的能力後，自然有機會轉做正式業務。

看清競爭中的利害關係

一聽到權力之爭，也許你馬上就會想到那些野心勃勃的人都在為此而你爭我奪。明目張膽的爭鬥意味著使對手在高層主管面前相形見絀。然而，只

第八章　正確對待辦公室中的人際關係

要你聰明的掌握一些行為準則，你就能利用它來改善公司內部的人際關係。

權力爭鬥的原因很多，但主要包含以下幾點：

1·人的天性如此

人與人之間的競爭似乎是一種自然狀態。無論何時，若干數量的人們處於同一辦公室或任何一個別的地方，難免總會發生衝突。雖然資訊交流暢通，但即使試圖營造一種和諧的工作氛圍，情況也不會有多大的改變，人們依然會覺得與他人格格不入。因為這是人的一種天性。

遇到此類情況你應該學會接受「人們不會總是以最好的方式行事」的這一現實。善於在逆境中工作，持積極的態度，並做好自己的本職工作，進而協調好與他人的關係。在尋求解決問題的辦法時，要相信即使是行為不端者也會權衡利弊，寧願避免衝突而不是製造摩擦。

2·高層的資訊滯後

保持暢通的資訊交流管道又是一件說來容易做來難的事情。一旦高層管理人員對本公司的職員停止通報資訊導致了資訊滯後，從而使他們不再感到自己是公司中不可或缺的一員，就會形成一個空白地帶，這一空白地帶就會被企業權力的掌管者占領。這就導致了不可避免的出現權力紛爭滲透進公司中層管理人員中的局面，從而使所有的人開始認知到，必須採用一些自保的手段來求得自身的生存。

在這種情況下，如公司高層主管沒有達到把整個公司的員工團結起來，為公司的既定目標而努力的目的，那你就應該有計畫的透過有益和創造勝利的領導方法，來填補由此引起的資訊傳遞的空白。如果你聽任這一空白由野心和內亂所填補，其結果就會很糟。

3‧高層人事變動

　　新的高層管理人員到來時，中層管理人員和各層級的員工們就會產生一種不穩定感。比方說：假設一家公司招聘了一位新的總裁，這位新總裁宣布公司將要有大的變動從而使得員工們的心理馬上就會顯得不安，由於尚不清楚這些變動意味著什麼，從而傾向於尋求自衛。

　　解決類似的問題你的辦法就是你必須接受變動是不可避免的現實。假定這位新總裁對公司情況尚不清楚，在變動期間你還要使自己成為一個有用的幫手接近這位新主管，並尋找積極的方法來貫徹主管所制定的有價值的方針，從而確保其中的穩定性，並且確保自身的安全性。

別打越級報告

　　你在做出一個自鳴得意的企劃後，不是把它放在部門經理的桌上，透過部門同事的討論和刪改，再合成一種「團體的智慧」，而是祕密的直接把它送到了老闆的桌上，希望盡快求得最高決策層對你才華的另眼相看。而你這樣做無非只會導致兩種結果：即老闆把你的報告送回部門經理那裡，令其按常規程序辦理，算你一份；還有另外一種情況便是老闆將你的報告按下不動，好像沒有這回事一般，另行啟用你所在的部門呈上的第二份計畫。

　　而這些都不是你想要的結果，並且你這種「積極」，可能還會遭受多重的打擊。第一重打擊是，權衡再三，老闆對你的急切心態持不置可否的態度。如果在挫傷部門經理的積極性和挫傷你的積極性之間選一個的話，他無奈中只能選後者。第二重打擊是，部門經理十之八九會對你從此「另眼相看」。第三重打擊是，輿論與同情也不會站在你這一邊。透過這件事，眾人會視你為急功近利之徒，沒來由的孤立了你，這便會使你得不償失。

　　曉明現在的心態，就像一隻熱鍋上的螞蟻。眼看自己在公司已經工作一年多了，再這樣默默無聞下去顯然沒有出頭之日。曉明終於按捺不住，於是便越級將銷售企劃書送到了公司的一名副總手裡，跳過了主管這道「檻」。可沒想到二十天之後，曉明被公司勸退了。接受他企劃書的副總意味深長的對他說：「事業的基礎不是靠越級彙報得來的。」

　　一般說來，促使一個人採取越級報告的行動，不外是下列幾種狀況：

1.　早該升級了，但是主管就不這樣做，甚至連提都不提。

2.　工作部門運行不佳，但主管加以掩飾，上面的人如果知道了，一定會引起震動。

3.　主管對不盡責的人遷就，卻給你一大堆工作，他對你不關心，也不在乎你到底做了些什麼。

4.　主管知道你比他能幹，他既恨又怕，因此不斷壓制你，老是讓你做些吃力不討好的工作。他不願讓別人知道你傑出的表現，他怕你升得比他快，他把你的功勞據為己有。

　　但是，身在職場你必須清楚，不論賽場內外，越位都是一個危險的動作。在工作中，越級報告意味著越過頂頭主管，向更高層的上級說明你的看法，或爭取權益。即使你是「對的」，你仍不免破壞了公司的正常運行秩序，使高級主管感到頭痛。即使你很幸運的成功了，高級主管也會心存芥蒂，認為你對他們也可能採取同樣的行動。因此，越級報告還是不打為妙。

成功之後

　　俗話說：「不遭人嫉是庸才。」所以當你成功之後，許許多多對你不利的嫉妒、誹謗和排斥也會接踵而來，你如何應對呢？此時你需要保持冷靜，而

不能意氣用事，這樣你就能掌握處理事情的主動權。

1. 主管的賞識不是對你的恩賜，而是相信你的能力。這是你自己透過努力爭取來的，當然這也與主管的善識人才分不開，但如果沒有人才，他的工作也會一團糟。而當你把賞識當做恩賜之後，你的氣節就會沒有了，就會顯得奴顏脾膝，而身在職場之中，誰也看不起這種人。

2. 不要驕傲，需知能人背後有能人。

3. 不要故意取悅同事。你的地位是透過自己的才能而獲得的，而不是同事們的努力，刻意去取悅他們反而會使他們越來越覺得你在故作姿態，他們會越來越遠離你。

4. 不能貶低主管。也許你想與同事們獲得共同點，也許是為了證明自己與主管其實一點私人交情都沒有，你可能會貶損主管，這樣做不但融入不到同事們中去，而且還會傷害提拔你的主管的心，最後落得兩面不是人的下場。

當你取得成功之後，主管會更加的重視你，同事會有意無意的排擠你。所以你要學會運用一些自保的技巧，只有這樣你這顆職場之星才會更加璀璨。

堅守安全位置

當你處於一個激烈的權力紛爭的環境之中，為了避免讓自己受到傷害，你就須學會為自己覓尋一個安全位置，而這種安全位置的確立就是讓自己保持中立。

而在你保持中立的過程中，你可以作以下的選擇：

第八章　正確對待辦公室中的人際關係

1・直接與他人溝通

嚴重的紛爭局面中有一個特徵就是資訊交流不暢。如有資訊傳遞，也完全是透過不公開的管道。

如果你著手改善資訊交流管道，你就不要加入到地下資訊傳播的網路中去。在這種情況之下，如果你需要對另一個人說什麼，就直接對他說，而不是把話讓別人來為你傳遞，這樣很容易使自己陷入困境。

2・不要耍弄權勢的把戲

很多人在開始階段都懷著最美好的心願，然而，後來卻發現自己深陷於公司內部紛爭的泥淖之中。在一些人的心目中，權勢顯得那麼重要，以至當他們拼命為獲得一些虛幻的權力而奮鬥時，忽視了對個人目標和職業生涯的追求。

身在職場之中的你最好不要去玩這樣的遊戲，不要讓這種局勢左右你。這是一種很愚笨的方法，它會把你引入職場的歧途，並會為你的職業生涯留下一些敗筆。你應該把同樣的精力投入到改善公司內部的競爭環境，確保產品的品質，為你自己和你的部門設定更多的追求目標中去。你的工作實績就是你在公司內部真正獲得競爭優勢的最佳催化劑。

3・不要在意別人如何想或如何說

在公司內部，太多的精力被耗費在猜測別人的意圖或動向上。不管別人獲取了多大的權勢和影響力，他對你的職業生涯或你的部門不會真正構成危害。

但是，你必須做到你對公司的忠誠要高於你對權勢的嚮往。如果你關注的是真正重要的事情，那你就不會有時間去擔心別人會對你怎麼樣了。

4‧別使自己成為易遭攻擊的目標

有理、有據、有力的提出你的觀點。雖然你不願加入到發生在你周圍的權力紛爭中去，但是你還是應該堅持自己的立場。這是一個避免紛爭的有效方法。不管什麼時候你開口說話，無論是提出一種新的觀點，或是要求增加預算，或是批評某種行事方法，首先你要確保你已獲得了所有的事實材料以後才能進行。

辦公室裡別去惹這些人

想在辦公室生存，你就不能輕視辦公室裡那些「雞毛蒜皮」的小事，它們往往能左右你的工作效率；更不能小看那些平日不起眼的所謂「小人物」，有時候他們的潛能會讓你大吃一驚，甚至影響到你的業績和工作。

在現實生活中，有些辦公室人員的職位雖然不高，權力也不怎麼大，跟你也沒有什麼直接的工作聯繫，但是，他們所處的位置卻非常重要，他們會影響到公司的每一個角落。他們的資歷比你深，辦公室的風浪經歷比你多，要在你身上找點毛病、失誤，實在是易如反掌。

1.「財神爺」——財務

切勿以為財務部門只是做做財務報表，開開單據。在以數位化生存的時代裡，財務部門的統計資料，決定著你的預算大小和業績優劣，財務人員已經從傳統的配角逐漸走人參與決策的權力核心，他們對各個部門業務的熟悉程度，簡直會讓你大吃一驚；而對金錢的斤斤計較也使得老闆對他們言聽計從。此類人你不得不小心。

2・公司人事部的主管

進入公司要靠他們，求得生存也靠他們，加薪升遷更要靠他們，因為他們無處不在。偶爾遲到、早退也許不算什麼，但是只要他們想做，隨時隨地都可以揪你的小辮子，你的表現又會好到哪裡去？何況這樣敏銳的「耳目」正是老闆最需要的。所以請你記住即使在辦公室放鬆片刻，背後都會有無數雙發亮的眼睛在盯著你。

3・主管的祕書

除了行政和業務主管，祕書絕對是公司的一號人物。他們是老闆的親信、參謀，甚至可能是情人。得罪了他們，簡直是件性命攸關的問題。只要他在老闆面前隨便說上幾句，你多年的努力就會毀於一旦。所以說他們也是決定你事業成敗的關鍵人物，他們的三言兩語抵得上你的百般辛勞。

4・同事

遠親不如近鄰。同事與你隔桌相望，你的一舉一動都在他們的眼裡，甚至你的電話交談他們都聽得一字不漏，如果他們變成跟你咫尺天涯的競爭對手，你就危險了。

5・後勤人員

表現看來，他們顯得無足輕重，不那麼顯山露水，但你卻一步都離不開他們，小到一本記事簿，大到辦公設備，難道你想讓這些瑣事敗壞一天的情緒，甚至敗壞你的工作實績嗎？後勤人員無所不包，甚至包你的升遷機會。所以對他們要有禮貌和耐心，申請一本簿子按規定程序辦有什麼大不了？總比背後被他們說三道四好。

6·資訊掌管者

資訊時代裡資訊就是公司的資本和生命。他們不儘管理全公司的電腦系統，而且還掌握著公司最機密的資料，當然包括你的一切祕密。只要他們動一動手指，你的所有資料都可能會不翼而飛，到那時再明白可就太晚了。

同事之間如何友好相處

處理好同事之間的關係是件非常不容易的事，其中有很多學問。這裡我們給大家概略的介紹一些專家、學者提出的精闢見解，以資借鑒。

1·要注意謙虛待人

在同事、朋友面前，不要把自己的長處常常掛在嘴邊，更不要老在別人面前炫耀自己的業績。如果一有機會便說自己的長處，無形之中貶低了別人，抬高了自己，反而將被別人看不起。

2·切忌背後議論他人

在與人接觸交往時，應竭力避免背後議論他人。不負責任的議論，不僅失去了交往的意義，還會傷害同事間融洽的感情。特別是在大庭廣眾中，要盡可能避免說別人的短處，有時言者無意，聽者有心，不脛而走，往往會挫傷他人的自尊心。

3·說話要有分寸、有條理

與同事相處時，有人總是搶舌頭，拉長話沒完沒了，令人討厭，時間一長大家就會離他遠遠的。

4‧要盡量避免憨言直語

要理解各方的意思，不要只憑自己的主觀願望，說出不近人情的話。只有言詞委婉，才有利於融洽感情，辦成事情。

5‧不要顯露有恩於別人

同事之間總會有互相幫助的地方。你可能對別人的幫助比較多、比較大，但是，切不可顯示出一種有恩於他人的態度，這樣會使對方難堪。

6‧不忘別人的恩德

自己對別人的幫助不要念念不忘，但是別人對自己的恩德卻要掛在心頭。無論得到誰的幫助，不論得益大小，都應適度的表示感謝。這樣，不但能增進友情，也表現了「受恩不忘」的可貴品格。

7‧不說穿他人的祕密

不說穿他人的祕密特別重要。每個人都有一些隱私，知道的不要說，不知道的不要問，因為這是與你無益而對他們有損的事。

8‧做不到的寧可不說

對朋友說謊，失去朋友的信任，這是最大的損失。所以，與新老朋友交往，都要誠實相待，避免說謊話。要說到做到，不放空炮，做不到的寧可不說。

9‧有助人為樂的強烈道德觀

正確的道德觀是塑造自己的形象和取得交際成功的重要環節。這就要求你要有正義感，善於區別真、善、美、假、惡、醜，毫不猶豫的堅持原則，

棄惡揚善。當別人需要的時候，應該毫不猶豫的伸出熱情之手，去關心、支持和幫助別人。互相交往，就應當彼此尊重，特別要尊重他人的事業選擇、生活方式、志趣愛好，不隨意支配他人，不輕率的傷害別人的自尊心、自信心。這樣，才能得到他人的尊重。

10‧理解寬容和謙虛誠懇的待人態度

和別人打交道、交朋友，就要設身處地的理解別人的感情、行為，理解別人的痛苦和需要。要與人為善，持寬容態度；要配合默契，熱情有度；要謙虛誠懇，真心待人。以此來贏得大家的信任、尊重和友誼，獲得更多的朋友。

對付同事排擠的技巧

如果有一天，你發現你的同事突然一改常態，不再對你友好，事事抱著不合作的態度，處處給你出難題刁難你，出你的洋相，看你的笑話，你就得當心了。這些資訊向你傳送了一個危險信號：同事在排擠你。

被同事排擠，必然有其原因。這些原因不外乎以下幾種情況：

1. 近來升級連連，招來同事妒忌，所以群起排擠你。
2. 剛到本公司上班，你有著令人羨慕的優越條件，包括高學歷、有背景、相貌出眾，這些都有可能讓同事妒忌。
3. 雇用你的人為公司內人人討厭的頭號公敵，故你也受牽連。
4. 衣著奇特、言談過度、愛出風頭，令同事卻步。
5. 過度討好上級而疏於和同事交往。
6. 妨礙了同事獲取利益，包括升遷、加薪等可以受惠的事。

　　如果是屬於第一項、第二項，這情況也很自然，所謂「不招人妒是庸才」，能招人妒忌也不是丟臉的事。其實只要你平日對人的態度和藹親切，同事們不難發覺你是一個老實人，久而久之便會樂於和你交往。另外，你可培養自己的聊天魅力，因為你的同事們最大的愛好之一就是聊天。透過聊天改變同事對你的態度。

　　如屬第三項，那便是你本人的不幸，唯有等機會向同事表示，自己應聘主要是喜愛這份工作，與雇用你的人無關，與他更不是皇親國戚的關係。只要同事了解到你不是公敵派來的密探，自然會歡迎你的。

　　如果是屬於第四項、第五項，那你便要反省一下，因為問題是出在你身上。如想令同事改變看法，唯獨自己做出改善。平時不要亂發一些驚人的言論，要學會當聽眾。衣著也應切合身分，既要整潔又要不招搖，過度突出的服裝不會為你帶來方便，如果你不是土包子，就是為了出風頭，這會令同事們把你當成敵對的目標。

　　如果是屬於第六項，你要注意你做事的分寸。升遷、加薪、條件改善甚至主管的一句口頭表揚都是同事們想獲得的獎勵，爭奪也就在所難免，雖然大家非常努力的工作，但彼此心照不宣，誰都想獲得一種優先獎勵權，首先得到主管的依賴和重用。

　　能夠獲利當然令人嚮往，但做人不要把利看得太重，更不要和同事爭名奪利。有句話說得好：該是你的誰也推不掉，不該是你的搶也搶不來。明白了這個道理，還有什麼可爭的呢？在遇到這類事情時，該讓就讓，擺出一副高姿態來。雖然你這次吃了虧，但以後會得到補償的。「塞翁失馬，因禍得福」，眼前看來不是好事，誰又能保證以後不會出現好的結果呢？

徹底化解同事之間的矛盾

同事與你在一個公司中工作，幾乎日日見面，彼此之間免不了會有各種各樣雞毛蒜皮的事情發生，各人的性格、脾氣個性、優點和缺點也暴露得比較明顯，尤其每個人行為上的缺點和性格上的弱點暴露得多了，會引出各種各樣的瓜葛、衝突。這種瓜葛和衝突有些是表面的，有些是背地裡的，有些是公開的，有些是隱蔽的，種種的不愉快交織在一起，但就引發各種矛盾。

同事之間有了矛盾，仍然可以來往。首先，任何同事之間的意見往往都是起源於一些具體的事件，而並不涉及個人的其他方面。事情過去之後，這種衝突和矛盾可能會由於人們思維的慣性而延續一段，但時間一長，也會逐漸淡忘。所以，不要因為過去的小意見而耿耿於懷。只要你大大方方，不把過去的事當一回事，對方也會以同樣豁達的態度對待你。

其次，即使對方仍對你有一定的成見，也不妨礙你與他的交往。因為在同事之間的來往中，所追求的不是朋友之間的那種友誼的感情，而僅僅是工作，是任務。彼此之間有矛盾沒關係，只求雙方在工作中能合作就行了。由於工作本身涉及到雙方的共同利益，彼此間合作如何，事情成功與否，都與雙方有關。如果對方是一個聰明人，他自然會想到這一點，這樣，他也會努力與你合作。如果對方執迷不悟，你不妨在合作中或共事中向他點明這一點，以利於相互之間的合作。

同事之間有了矛盾並不可怕，只要我們能夠面對現實，積極採取措施去化解矛盾，同事之間仍會和好如初，甚至比以前的關係更好。

要化解同事之間的矛盾，你應該採取主動態度。你不妨試著拋開過去的成見，更積極的對待這些人，至少要像對待其他人一樣對待他們。一開始，他們會心存戒意，而且會認為這是個圈套而不予理會。耐心些，沒有問

題的，將過去的積怨平息的確是件費功夫的事兒。你要堅持善待他們，一點點的改進，過了一段時間後，表面上的問題就如同陽光下的水 —— 蒸發消失了。

如果是深層次的問題，你可以主動找他們溝通，並確認是否你不經意的做了一些事兒得罪了他們。當然這要在你做了大量的內部溝通工作，且真誠希望與對方和好後才能這樣行動。還曾見到有些人坐在一起，表現上為了解決問題，而實際上卻是大家更強硬的陳述自己的觀點。

他們可能會說，你並沒有得罪他們，而且會反問你為什麼這樣問。你可以心平氣和的解釋一下你的想法，比如你很看重和他們建立良好的工作關係，也許雙方存在誤會等等。如果你的確做了令他們生氣的事，而他們又堅持說你們之間沒有任何問題時，責任就完全在他們那一方了。

或許他們會告訴你一些問題，而這些問題或許不是你心目中想的那一個問題，然而，不論他們講什麼，一定聽他們講完。同時，為了能表示你聽了而且理解了他們講述的話，你可以用你自己的話來重述一遍那些關鍵內容，例如：「也就是說我放棄了那個建議，那你感覺我並沒有經過仔細考慮，所以這件事使你生氣。」現在你了解了癥結所在，而且找到了為此重新建立良好關係的切入點，但是，良好的關係的建立應該從道歉開始，你是否善於道歉呢？

如果同事的年齡資格比你老，你不要在事情正發生的時候與他對質，除非你肯定你的理由十分充分。更好的辦法是在你們雙方都冷靜下來後解決。即使在這種情況下，直接的挑明問題和解決問題都不可能太奏效。你可以談一些相關的問題，當然，你可以用你的方式提出問題。如果你確實做了一些錯事並遭到指責，那麼你要重新審視那個問題並要真誠的道歉。類似「這是

我的錯」這種話是可能創造奇蹟的。

你做出以上努力以後，基本可以化解同事之間的矛盾。如果遇上一些頑固不化的人，在你做出努力後，他仍然不願意和你和解，這你也不要難過。遇上這樣的人，誰也沒辦法。問題並不在你。你只管放心的去工作，別理會這類人就是了。

為拒絕找個藉口

人的一生需要在不斷的拒絕之中度過，這就像事物經過否定之否定而螺旋上升一樣。但就拒絕行為的雙方來說，主動採取拒絕行為的人是站在有利的位置。如果拒絕不能採用合適的方法和相對的技巧，就容易造成對被拒絕一方的傷害，引發怨恨和不滿，從而導致人際關係的破裂，甚至引起各種難解的糾紛，讓自己陷入非常被動而又麻煩的境地中。所以這就需要你為拒絕找個好的藉口。

有時候，拒絕他人會給其帶來不小的傷害，但這並非完全是由於你拒絕了他，而更多的是你所使用的拒絕的語言和方式傷害了他。也許你避免不了拒絕的發生，但是卻可以在拒絕時採取適當的方法，從而最大限度的避免因為拒絕而造成對他人的傷害。

1・以「制度」作暗示

某公司的一位普通職員鼓著勇氣走進經理辦公室說：「對不起，我想該給我加薪了⋯⋯」

經理回答道：「你確實應該了，但是⋯⋯根據本公司職務薪資制度，你的薪資已經是你這一級中最高的了。」

職員洩氣了：「哎，我忘記我的薪資級別了！」

他退了出來。幾條列印出的制度使他放棄了自己本應得到的東西。他也許在想：「我怎麼能夠推翻公司的薪資制度呢？」這也許正是經理希望他講的話。

2．以「他人」為托詞

王磊在電器商場工作。一天，他的一位朋友來買冰箱。看遍了店裡陳舊的樣品，他還沒有找到令自己十分滿意的機型。最後，他要求王磊帶他到倉庫裡去看看。王磊面對朋友，「不」字出不了口。於是，他笑著說：「前幾天我們經理剛宣布過，不准任何顧客進倉庫。」儘管王磊的朋友心中不悅，但畢竟比直接聽到「不行」的回答要好多了。

3．借用「外交辭令」

外交官們在遇到他們不想回答或不願回答的問題時，總是用一句話來搪塞：「無可奉告。」生活中，當你暫時無法給出肯定的回答時，也可用這句話。另外，你還可以用「天知道」「事實會告訴你的」「這個嘛……難說」等搪塞過去。

不利於你與同事相處的言行

在一個辦公室裡關係融洽，心情就舒暢，這不但有利於做好工作，也有利於自己的身心健康。但很多時候則不近人意，因為有些言行會打破這樣的格局。

1·好事不傳

公司裡發禮品、領獎金等，你先知道了，或者已經領了，卻還一聲不響的坐在那裡，像沒事似的，從不向大家通報一下。有些東西可以代領的，也不幫別人領。

2·知而不言

同事出差去了，或者臨時出去一會，這時正好有人來找他，或者正好來電話找他，如果同事走時沒有告訴你，但你知道，你不妨告訴他們。如果你確實不知，不妨問問別人，然後再告訴對方，以顯示自己的熱情。

3·別帶入私事

有些私事不能說，但有些私事說說也沒有什麼壞處。比如你的男朋友或女朋友的工作公司、學歷、年齡及性格脾氣等；如果你結了婚，有了孩子，就有關於愛人和孩子方面的話題，在工作之餘，都可以隨便聊聊，可以加深感情。

4·從不尋求幫助

輕易不求人，這是對的。因為求人總會給別人帶來麻煩。但任何事情都是辯證的，有時求助別人反而能表明你對別人的信賴，能融洽關係，加深感情。

5·把握不住應有的距離

在同一個辦公室裡人很多，你對每一個人要盡量保持平衡，始終處於不即不離的狀態，也就是說，不要對其中某一個特別親近或特別疏遠。

6‧探聽別人的私生活

能說的人家自己會說，不能說的就別去問，每個人都有自己的祕密。有時，人家不留意把心中的祕密說漏了嘴，你不要去探聽，不要想問個究竟。

7‧逞口舌之快

在同事相處中，有些人總想逞口舌之快。有些人喜歡說別人的笑話，討人家的便宜，雖是玩笑，也絕不肯以自己吃虧而告終；有些人喜歡爭辯，有理要爭理，沒理也要爭三分；有些人不論國家大事，還是日常生活小事，一見對方有破綻，就死死抓住不放，非要讓對方敗下陣來不可；有些人對本來就爭不清的問題，也想要爭個水落石出；有些人常常主動出擊，人家不說他，他總是先說人家。這樣的人肯定無人願意接近。

辦公室裡與人交流的藝術

與人交往離不了語言，辦公室亦是如此。但是你會不會說話呢？俗話說「一句話說得讓人跳，一句話說得讓人笑」。同樣的目的，但表達方式不同，造成的後果大不一樣。在辦公室說話要注意哪些事項呢？

1‧有自己的觀點

老闆賞識那些有自己主見的職員。如果你經常只是別人說什麼你也說什麼的話，那麼你在辦公室裡就很容易被忽視了，你在辦公室裡的地位也不會很高。有自己的頭腦，不管你在公司的職位如何，你都應該發出自己的聲音，應該敢於說出自己的想法。

2·別把交談當辯論

在辦公室裡與人相處要友善，說話態度要和氣，即使是有了一定的級別，也不能用命令的口吻與別人說話。雖然有時候，大家的意見不能夠統一，但有意見可以保留，對於那些原則性並不很強的問題，沒有必要爭得你死我活。如果一味好辯逞強，會讓同事們敬而遠之。

3·懂得含蓄

如果自己的專業技術很堅實，如果老闆非常賞識你，這些就能夠成為你炫耀的資本了嗎？再有能耐，在職場生涯中也應該小心謹慎，強中自有強中手。倘若哪天來了個更加能幹的員工，那你一定馬上成為別人的笑話。倘若哪天老闆額外給了你一筆獎金，你更不能在辦公室裡炫耀了，別人在一邊恭喜你的同時，一邊也在嫉恨你呢！

4·守口如瓶

我們身邊總有這樣一些人，他們喜歡向別人傾吐苦水。雖然這樣的交談能夠很快拉近人與人之間的距離，使你們之間很快變得友善、親切起來，但心理學家調查研究發現，事實上只有百分之一的人能夠嚴守祕密。所以，當你的生活出現個人危機，如失戀、婚變之類，最好不要在辦公室裡隨便找人傾訴；當你的工作出現危機，如工作上不順利，對老闆、同事有意見有看法時，你更不應該在辦公室裡向人袒露。任何一個成熟的員工都不會這樣「直率」的。

5·注重說話藝術

說話要分場合、要有分寸，最關鍵的是要得體。不卑不亢的說話態度，

優雅的肢體語言，活潑俏皮的幽默，這些都屬於語言的藝術。當然，擁有一份自信更為重要，懂得語言的藝術，恰恰能夠幫助你更有自信，並能使你的職場生涯更加成功！

正確面對不恰當的指令

對於主管發出的正確而合理的指令，必須要認真及時的執行。但主管也是普通的人，有時可能會發出不恰當的甚至完全錯誤的指令。作為直接受其主管的下屬，你該怎樣面對呢？在此為你提供幾條建議。

1·作暗示

接到不恰當的指令時，你覺得不能執行或無法執行之時，你可先給主管以某種暗示，讓其領悟到自己的指令不甚恰當。

2·適當提醒

有些不恰當的指令，可能是主管不熟悉、不了解某一方面的情況，有的可能是主管一時遺忘了。你明白的提醒他，主管認識到了，一般都會收回或修正指令。

3·巧妙推辭

在推辭之時要有理由，要推得巧，辭得妙，有的可從職責範圍提出：「總覺得這件事不是我的職責，要不，同事關係就不大好處理了。」有的可從個人的特殊情況提出。但不管從哪一方面，理由一定要真實和充分。你推辭了，有的主管還可能會這樣問：「那你覺得這件事應該由誰來做？」你不能隨便點名，也不要隨口說「除了我，其他誰都可以」之類的話，比較巧妙的回

答是：「這事誰來做，我了解得不太全面，還是您來定奪好。」

4．嘗試拖延

有些不恰當的指令，是主管心血來潮時突然想出來的，並要你去執行。倘你唯命是從，馬上付諸行動，那就鑄成了事實上的過錯。對這種主管心血來潮而向你發出的指令，如果你採用暗示或提醒都不能改變，推辭也沒多少理由時，那麼，最好的對策就是拖延。雖然默認或口頭上答應，實際上遲遲不動。倘若閒著不動，主管會產生疑心的，因此，你必須忙別的事，作為拖延的理由，應付主管的追問。

不必要的批評需避免

在現實生活之中，你是否問過自己：我為什麼要去進行那些沒有必要的批評呢？世界上沒有一個人會喜歡接受抱怨、批評或指正。當別人指著你批評時，無論你脾氣怎麼好也難免會感到有些不悅。要刺傷一個人的自尊，只需告訴他，他做的決定很糟糕，他督導的計畫很失敗，或他的表現很不夠水準。就算批評得不錯，情況也不可能有所改善。

有人認為批評有時是用來發洩不滿，有時只是為了抱怨，有時甚至是透過斥責別人來抬高自己。這類批評正是人際關係失敗的原因之一。

人是情感動物，從愛面子乃至維護自己做人的權利，都需要自尊和被他人尊重。自尊正是人生存和發展的支柱，是人克服各種困難，堅持不懈去取得成就的動力。而批評的最大弊端，就是容易傷害到別人的自尊。

王某永遠記得考上大學辦戶口時，那位辦事員的嘴臉。那年考大學他考得很差，剛剛達到錄取最低錄取率，勉強被一所小極不出名的學院錄取。平

時躊躇滿志的王某，當時覺得極沒臉見人，一提考大學就低著頭。去辦戶口時，那位辦事員見他竟然從大都市跑到小鄉鎮去讀書，就以蔑視的語氣說：「你考了幾分呀？」

當時，王某聽到這句話的感覺，就彷彿一顆子彈突然打中了自己的心臟。其至今仍然對那位辦事員說話的語氣、神態記憶猶新。因為他的指責深深的刺傷了王某的自尊心。以至後來王某經常抬不起頭，見到那位老師便對其恨之入骨。

因此，你應該學會避免那些沒有必要的批評。無論是在生活中還是在工作中，要試著了解他們，試著明白他們為什麼會這樣做，這比批評和斥責更有益處，也更有意義得多。當我們真正了解別人之後，往往就會發現原來他們是值得原諒、值得同情的，這樣你也就更具自制力了。

有時候在你要張口批評他人之時，你不妨先問問自己：這個批評有必要嗎？這樣你會得到許多意外的收穫。

成功與人交往的技巧

作為職場中的一員，你肯定少不了與職場中的其他人相互交往。但交往並不是我們表面上看到的，僅僅是雙方相互通通話而已，它應該包含更深一層的含義，那就是在交往雙方之間建立一個良好的關係和友誼。而在現實生活中如何進行交往是有許多技巧和經驗可循的，下面就是一些與人交往的技巧，僅供參考。

1. 要與關係網路中的每個人保持積極聯繫，唯一的方式就是創造性的運用自己的日程表。記下那些對自己的關係特別重要的日子，比如生日或週年慶祝等。打電話給他們，或至少給他們寄張卡讓他們知

道你心中想著他們。

2. 選幾個自認為能靠得住的人組成良好、穩固、有力的人際關係的核心。這首選的幾個人可以包括自己的朋友、家庭成員和那些在你職業生涯中彼此連繫緊密的人。他們構成你的影響力內圈，因為他們能讓你發揮所長，而且彼此都希望對方成功。這裡不存在勾心鬥角的威脅，他們不會在背後說你壞話，並且會從心裡為你著想。

3. 與人交談時盡可能的推銷自己，你與他們的相處會愉快而融洽。常常會有人問你是做什麼的，如果你的回答平淡似水，比如只是一句「我是一位電腦公司的一名職員」，你就失去了一個與對方交流的機會。比較得體的回答是：「我在一家電腦公司負責軟體的開發工作，主要開發一些簡單實用的軟體程式。平時閒暇時，經常打打乒乓球、羽毛球，並且熱愛寫作。」在短短的幾秒鐘的時間裡，你不僅使你的回答增添了色彩，也為對方提供了幾個話題，說不定其中就有對方感興趣的。

4. 不要花太多時間維持對自己無甚益處的老關係。當你對職業關係有所意識，並開始選擇可以幫助自己一臂之力的人時，你可能不得不卸掉一些關係網中的額外包袱。其中或許包括那些相識已久但對你的職業生涯無所裨益的人。維持對你無甚益處的老關係只會意味著時間的浪費。

5. 時刻提醒自己要遵守人際關係規則，不是「別人能為我做什麼」，而是「我能為別人做什麼」。在回答別人的問題時，不妨再接著問一下：「我能為你做些什麼？」

6. 多出席一些重要的場合。因為重要的場合可能會同時彙聚了自己的

不少老朋友，利用這個機會你可以進一步加深一些印象，同時可能還會認識不少新朋友。所以對自己關係很重要的活動，不論是升遷派對，還是同事兒女的婚禮，都應參加。

7. 遇到朋友升遷或有其他喜事，記得在第一時間內趕去祝賀。當你的關係網成員升遷或新到新的組織去時，祝賀他們。同時，也讓他們知道你個人的情況。如果不能親自前往祝賀，最好也應該透過電話來表達一下自己的友誼。

8. 富有建設性的利用自己的商務旅行。如果你旅行的地點正好鄰近你的某位關係成員，不要忘記提議和他共進午餐和晚餐。

9. 當雙方建立了穩固關係時，彼此會激發出強大能量。他們會激發對方的創造力，使彼此的靈感達到至美境界。為什麼將你圈內的人數限定為十人呢？因為強有力的關係需要你一個月至少維護一次，所以幾個人或許已用盡你所能有的時間。

10. 當朋友遇到困難時應及時安慰或幫助他們。當他們落人低谷時，打電話給他。不論你關係網中誰遇到麻煩時，立即與他通話，並主動提供幫助。這是表現支援的最好方式。

11. 在交往中不能總做接受者。如果你僅僅是個接受者，無論什麼網路都會疏遠你。搭建關係網路時，要做得好像你的職業生涯和個人生活都離不它似的，因為事實上的確如此。

自嘲的巧用

顧名思義自嘲就是自己嘲諷自己。誰都喜歡被人讚美，不喜歡被人嘲諷。但有時候自嘲也能展現出一種瀟灑的情態和人生的智慧。它能製造出寬

鬆和諧的交談氣氛，使人感到你的可愛和人情味。在你的辦公室生活中，適時適度的「自嘲」往往會收到妙趣橫生、意味深長的效果。

在那些尷尬場合之中，假如你能巧妙的運用自嘲，它便可以為你平添許多風采。但有一點你必須得注意，那就是自嘲要避免採取玩世不恭的態度。具有積極因素的自嘲包含著自嘲者強烈的自尊、自愛。自嘲實質上是當事人採取的一種貌似消極、實為積極的促使交談向好的方向轉化的手段而已。

醉翁之意不在酒，表面上是嘲弄自己，卻另有深蘊。所以，自嘲在許多場合具有特殊的表達功能和使用價值。當一個人認為自己可能會被指責時，不妨用先發制人的方法數落自己一番。因為人心是很奇特的，當對方發現你已承認自己的錯誤時，便不好再加以責備，這就叫「巴掌不打自嘲人」。

這一方式在工作和生活之中常常都能用到。如言談中你無意中講了汙言穢語，對方臉色一沉，此時你可以自嘲道：「哎，我真是粗陋的人，肚子裡的髒話總消滅不了，總是自己蹦出來，還請你多多原諒。」一句話，就可以使對方不再介意。又如爭論時你有點激動，措辭生硬，聲音太大，對方已顯不悅。你要趕緊剎住話匣子：「對不起，我這個人容易激動，剛才真成一隻鬥雞了。」對方一定會付之一笑，忘掉剛才的不快。

如果談話中刺傷了人家的自尊心，揭到對方的隱匿傷痕，那可是危險的。對方修養比較好，必會緘口離開；反之，就很有可能會反過來對你進行一番攻擊。這時，你一定得求助於自嘲的辦法了，但你要努力說得幽默點、真誠點，使對方感到舒服一些。

自嘲是缺乏自信者不敢使用的技術，因為它需要你自己「罵」自己。也就是要拿自身的失誤、不足甚至生理缺陷來「開玩笑」，對醜處、羞處不予遮掩、躲避，反而把它放大、誇張、剖析，然後巧妙的引申發揮，自圓其說，

博得一笑。沒有豁達、樂觀、超脫、調侃的心態和胸懷，是無法做到的。自以為是、斤斤計較、尖酸刻薄的人更難以望其項背。

有一禿頭的著名喜劇演員，他常說：「熱鬧的馬路不長草，聰明的腦袋不長毛！」另外有一個觀眾所喜愛的小品演員十分矮小，他卻自豪的說：「濃縮的都是精華！」不光喜劇演員和諧星善於運用自嘲來贏得觀眾的好評，生活中也有許多這樣的例子。有一位大學數學老師，雖只有四十多歲，卻像頭髮大多禿了，露出一處「不毛之地」。以前常有學生在背後叫他禿頭老師，後來他在課堂上向同學們講明瞭因生病而禿髮的原因，最後，還加上這樣一句自嘲：「頭髮掉光了也有好處，至少以後我上課時教室裡的光線可以更明亮些了。」同學們發出一片友好的笑聲。此後，再也沒有人叫他禿頭老師了。

嘲笑自己的缺點是一個人人生態度的最高境界，是一種良好修養，是一種充滿魅力的交際技巧，使自己活得輕鬆灑脫，使別人感到你的可愛和人情味，有時還能更有效的維護面子，建立起新的心理平衡。巧妙的將其運用於你的生活和工作之中，你的人際關係，想不拓展都有些難！

怎樣面對主管的過錯

當主管出現錯誤的時候，你該怎麼辦？當然這沒有一個一成不變的處理模式。至於怎麼應對才好，要看主管的脾氣秉性、當時的場合、由此可能造成的影響等多方面的因素來決定你該採取的方法。在考慮應對方法的時候，你在公司裡的地位及與主管的關係也是你應該考慮的因素。給你以下兩點建議，或許對你會有所幫助。

1・避免直接反駁

有些主管很有能力，所以對於一時的失誤，往往不願接受別人的反駁。儘管如此，如果你能夠把握好時機和適當的技巧，巧妙的為其指出失誤之處，他還是樂於接受並改正的。

你在與這樣的主管交往時，必須注意方法。在態度上要尊重他，並且你自己提出的意見，要說得有理有據，還有就是要強調是你「個人的」意見，特別值得注意的是，要能及時收場。因為自尊心強的主管，你越和他爭論，他就越不肯認錯，儘管有時他明白自己錯了，也不肯輕易認輸。既然你的意見是正確的，主管也不會不明白，你又何必非得讓他把自己的先否定了，再接受你的意見呢？所以，你要見好就收。

2・適時糾正

人們心境不同，對否定性意見的接受程度也不同。對主管進行勸說不能不考慮這一因素。要善於選擇他們心境最佳的時機，如他們遇到高興事，心情愉快時；一項工作完滿結束時；取得成績，受到表揚時……此刻，主管易於聽取不同意見，哪怕較尖銳的意見，他們也易於笑納。相反，當他們心情煩悶、工作繁忙、情緒急躁時，最好不要進言。

如果你正在和顧客談一筆至關重要的生意，你的主管卻在中間插了幾句不該說的話，而這些話可能影響生意的成功，你該怎麼應對呢？

這可能是你在工作中遇到的一道棘手的難題。一方面主管決定著你在公司的職位升降和收入高低。而生意的成功與否又直接影響著你的工作業績和收益高低，所以你必須權衡利弊，決定應對策略。

當然，如果你當眾讓主管丟臉或事後對同事談論主管的錯誤，用嘲弄的

口吻讓流言四散傳播，並用貶損主管的話來證明自己的聰明，這種傳言總會傳到主管那裡，對你的聲譽和前途造成危害。

第九章
不要讓自己成為不受歡迎的員工

　　沒有規矩，難以成方圓。這個道理誰都懂，但是一旦事情到了關鍵時刻，也就什麼規矩都給忘了。身在職場，競爭如此激烈，哪容你犯下半點的錯誤，稍有不慎，就有可能給你帶來毀滅性的打擊。試想一下，人的一生能經歷得起幾次這樣的打擊？所以，有些鴻溝還是不越為妙！

對自己的認知不夠

　　每個人來到這個世界時就具有了與眾不同的秉性，每個人的人生使命就是要成為他自己。生命屬於你自己，只有你才有權支配屬於你生命所有的一切。如果你要感受成功的快樂和稱心如意的人生，你想認識自己，那麼，最主要的方法還是得靠自己。假如對自己認識不夠，那麼所有的事都無從做起，就更不必說把工作完成得盡善盡美了。

　　我們常常聽到有人如此抱怨：「我討厭這份工作，但是我必須靠它為生。」這種說法是很沒有道理的。如果你有足夠的能力可擔負這項工作，那麼，你也可以在你較喜歡的工作上展露才華。如果你真的討厭你的工作，至少，你可以換一個你比較喜歡的方式來做你現任的工作。人的生命是有限的，不能浪費在做討厭的事情上面。假如你不喜歡這項工作，很多大好的時光花在自己所討厭的事情上；假如你不喜歡這項工作，卻必須為它一大早就起床，辛勞與奔波，即使它能替你解決食衣住行，又有何樂趣？不要浪費掉自己唯一的生命，做你自己，選擇你真正想要的目標。

　　做好你自己，不要盲目追隨眾人。人就像某些喜歡群居的動物一樣喜歡追隨眾人。每個人或多或少、或自知或不自知的有從眾的傾向。問題是你不能在所有的問題上都追隨眾人，尤其不能稀里糊塗的追隨眾人。重要的是做你自己，做回自己的角色，才能得心應手、壓力全無。

　　做你自己，你就是一座金礦！在做事之前先要認清自己，找對你所處的位置、所擁有的能力和知識，重新審視你的心理風貌，以便對症下藥，發掘自身無窮的潛力。那樣，你就不會有自己不喜歡卻偏要做一些事情的壓力了。

　　現代社會是高速度、快節奏的，激烈競爭的結果，必然會產生高壓的生

活。你的心理活動的節奏能否跟上時代的節拍，是否具有參與競爭的心理承受力？當挫折頻頻發生時，你的挫折忍受力如何？強者要具有獨立性，你的依賴心理是否能得到克服？總之一句話，你的抗壓能力如何，這是你必須要清楚認知的。

嘗試著認識自己吧。對自己的智力狀況、情感、意志和個性心理特徵、能力、性格、興趣、社會關係等有個了解，形成清晰印象，這有助於排除由盲目、無知而形成的壓力。

認識壓力的過程，也就是認識自己的過程。只有認識了自己，才能把握自己不被壓力困住。做出正確的認知評價有助於我們以更切實際、更有成效的方法進行思維，我們便可以對需要在什麼地方，採取什麼方法做出決斷，並成功的加以貫徹執行。

認識了真實的自己，從客觀角度出發定義自己，所設立的目標也就越接近自己的能力。你擁有了別人無法擁有的東西，就要下定決心做好自己，這樣才能活出真實的自我，減少不必要的心理負擔。特別是在工作之中，假如你不能夠真實的認識自己，你對一切都會力不從心，工作也難以全身心的去投入。這種情況時間久了，不管是誰都會將你列入不受歡迎的職員。

沒事總往主管家跑

眾所周知孔雀開屏時總是正面對著觀眾，演員也總是粉墨之後才登場，他們都不願意觀眾跑到他們的身後去，主管也一樣。

主管的私宅、官邸和你的家一樣，屬於絕對隱私之地。每個人都有兩個自己，沒有一個正常人願意將另一個自己展現出來，其需要一個屬於自己的地方和空間。所以如果你有什麼工作上的問題，應盡量在公司解決。在下班

後，如果遇到情況緊急、迫不得已的時候，可以先透過電話和主管聯絡，絕對不要貿然闖入主管的私家住宅。如果沒有工作上的問題，僅僅想和主管聯絡感情，又沒有主管的邀請而私自拜訪主管的私宅，則更是職場上的大忌。

小張在工作上一直很主動，看起來主管對他很器重，他自己也認為是主管的大紅人而沾沾自喜。一次，他再次在公司大會上受到主管的嘉獎，覺得主管真是自己的人生知己，油然而生一個念頭——他要和「哥們」敘敘舊。

當天晚上，當他精神抖擻的敲開主管的別墅鐵門時，主管不在。他解釋半天，警惕的保姆像看恐怖分子一樣看他，說沒有預約不能進去。後來主管的夫人過來，客氣的問他有什麼事情，他支支吾吾的說就是看望主管。在主管的客廳裡小坐時，他明顯的感到客套背後的拘謹。

沒有見到主管的他還不死心，幾天後，他又一次敲主管的家門。那位主管夫人的第一句話居然是：「又來了？」當他忐忑不安的進入主管的客廳時，主管剛剛從浴室裡出來，穿著隨意的浴衣，上面的水珠還在滴滴答答的往下流，和他平時的衣冠楚楚、儀表堂堂的形象大相徑庭。看見這位不速之客時，分明是一絲不悅的微笑，和在公司大會上的熱情完全不一樣了。在有一搭沒一搭的交談中，他如坐針氈。在告辭時，主管委婉的告訴他，以後有什麼事情在公司談。

要尊重他人的隱私，特別是你的主管。沒有人會歡迎你做一個不速之客，這也是一種嚴重的違規行為。

太偏執

對於偏執而言並沒有一個很明確的界定，一般來說，在生活工作中某人的思想行為過於偏激、固執，就可以說是偏執。

　　某唱片公司中一個女孩子，樣子雖然不怎麼漂亮，但是，她的歌唱得很好。那個女孩子在圈中浮沉了許多年，最後還是黯然退下了。原因就是別人叫她用心唱歌，不要穿得過於奇怪，然而她卻說：「外在的東西不重要，我靠的是實力。」原來她覺得自己很漂亮。她完全不知道自己最大的長處是歌藝。

　　一般情況下偏執不聽人勸的人，最終只會毀了自己。成為別人的笑柄事小，毀了自己事大。然而，偏激固執的人，也許永遠都不知道自己的不足。

　　據說，古時候有一個人害怕自己的影子，厭惡自己有腳印。於是他奮力奔跑，想離開自己的影子和腳印。但是，他跑得越遠，腳印越多，跑得再快，影子也能追上他。他自己以為跑得太慢了，就加快速度，永不停止，最後力絕而死。

　　導致思想和行為偏執的原因有很多，即使是天資聰穎的人有時也免不了在某些事上表現偏執。但是，透過日常的一定努力還是可以避免產生各種偏執思想的，只要你努力，你就能夠做得到。下面給你提供克制偏執的方法：

1. 如果事情是可以透過觀察來解決的，那你就親自觀察觀察。

2. 使你自己擺脫某些偏執觀點的一種好方法是去了解與你不同的社會團體所持的意見。這樣你會發現，這將大大有助於改變井蛙之見的僵硬程度。

3. 對於那些有足夠心理想像力的人來說，假設同持對立觀點的人進行辯論，也不失為一種好方法。這種方法較之與對手進行面對面的談話有一個優點，就是這種方法不會受到那種時間和空間的限制。

　　如果你現在已經做出了偏執的事情，但還沒有使你從你現在所從事的工作出局的話，那麼你得馬上行動，找到導致你做出偏執事情的原因來，之後根據實際改正，那還來得及。千萬不要繼續以偏執的思想來思考、做事，因

為那樣只能使你更快的從你所從事的領域中被淘汰出局。

不切實際

　　有點職場經驗的人都知道，常常有一種人，特別是新人，也包括一部分別有用心的「老油條」，因為他們在每個公司都待不長，所以也許他們年齡一大把，卻永遠是職場新人。他們一進公司，就急於表現自己的才能，會提出一些熱情沖天，大而無當、不切實際的計畫。這大多數有不著邊際脫離現實的計畫就好比空中的樓閣，看是美麗但卻沒有牢固的根基。

　　某一陷入困境的餐飲企業，邀請某一小有名氣的企劃師為其出謀劃策。該君冥思三日，便拿出了一個令全世界瞠目結舌的計畫 —— 建「萬人大餐廳」。其中囊括所有菜系和小吃，首家！絕對有轟動效應！按照最保守估計的人均消費兩百五十元，每日早餐上座率為百分之三十，中餐和晚餐上座率為百分之六十，則每日有一萬八千人進餐，日營業額可以達到四百五十萬元，一年就是十六億！由於集中經營，可以大幅降低成本，毛利就可以達到五億以上！另外還有無法估量的外賣和邊際利潤！

　　該公司老闆聽了大師的鼓噪後熱血沸騰，立即組成有關人員著手運作。但在運作過程中，步步都行不通。首先就是場地，在市中心根本就找不到那麼大的營業場所，在城郊有大型展銷場可以租賃，但根本就無法解決交通問題。另外，消防局堅決反對，在消費者如此密集的地方做餐飲業，火災隱患極大。衛生部門也明確表示反對，一旦發生萬人集體食物中毒事件，就是全市所有醫院的病床全部空出來也不夠。還有，警察部門擔心的集體治安隱患……

　　該企業的老闆再請企劃大師拿出「錦囊妙計」時，這位「智慧大師」早已

帶著「企劃費」在人間蒸發了，而該企業的狀況更是雪上加霜。

抱怨成患

假如你常常這樣抱怨 ——「我是一個貧窮的人，我不行；我不可能取得其他人那樣的成就；我絕不可能變得富有；我不具備其他人的那些能力；我是一個失敗者，降臨到我的頭上總是厄運」，那麼，你就為自己成功之路多設置了一道障礙，你就會感到苦惱之事更苦惱，困難之事更困難；你就會更難擺脫破壞你平和心境、破壞你幸福的心理敵人。就這樣你每讓負面情緒多主宰一次靈魂，它們就會在你的意識裡鑽得更深一些。

假如你總是想像自己可能事業不順，並總是作這樣的準備和擔心；假如你總是抱怨時運不濟；假如你總是擔心事業不可能有好的結果，那麼，你的事業就真的不會有好結果，你自己也在逐漸的在變成一個常常抱怨的「怨婦」。

而此類人的一個共性就是遊手好閒，酷愛批評。這類人看世界永遠是看最糟糕的一面，想問題永遠是想最難解的地方。別人可以一笑置之的事情，在此類人那裡，就成了天塌下來的大事。一天到晚說的都是一些讓人煩心的嘮叨，從社會風氣到生活環境，從家庭糾紛到同事朋友的紛爭，從馬路塞車到剛買的衣服打了折……他們沒完沒了的抱怨，而這樣只能讓別人遠離他們，同時也會令成功離他們越來越遠。

此外，這一類人還無事不可生怨。心生怨氣，不僅拿別人的錯誤折磨自己，同時也拿自己的錯誤折磨別人，擾亂別人的生活和工作節奏。但是，他們卻沒有意識到無窮的抱怨，不僅會吞噬自己的生命之光，還會吞沒友誼的綠樹、吞滅愛情的鮮花、吞沒自己建造的樂園。

第九章　不要讓自己成為不受歡迎的員工

在你抱怨成患之時你可否想過抱怨昨天，並不能改變過去；抱怨明天，同樣不能幫助未來。與其徒勞無益的浪費時間，不如轉變心態，釋放憂愁，化解怨氣，採取積極的行動，做一些行之有效的努力。要知道影響人生的絕不僅僅是環境，心態控制了個人的行動和思想，心態也決定了自己的愛情和家庭、事業和成就。

千萬不要把工作中每一點不如意都發展成為一場轟轟烈烈的抱怨，那會令你筋疲力盡並且聲名狼藉，最終讓你淪為辦公室裡的「麻煩製造者」，而被列為不受歡迎的人。

老是充當「有錢人」

不管在什麼樣的公司裡，都有一個「頭」，他始終位於金字塔的塔尖，他的威望是不言而喻的。任何一個成熟的職場人士都不會愚蠢到常做頂頭上司不悅之事，也會盡量避免讓同事尷尬。但有時候，你會發現主管或者同事突然對你很冷淡，令你百思而不得其解，可能是因為你不知不覺就在一個毫不起眼的地方犯了忌。比如：你一不留神表現得比主管還有錢，你比同事覺悟都要高，這就會為你帶來諸多的麻煩。

小薇是一個好女孩，出身於知識分子家庭，年輕、漂亮、單純、書生氣息、富有愛心，畢業後到一家金融機構總經理辦公室做祕書。她工作努力，人緣也不錯，總經理也常常誇獎她。有一段時間，公司發起為失學兒童捐款活動。她是教師子女，對失學兒童非常同情，以前也經常將自己的零用錢和生活費貢獻出去，現在參加工作了，更覺得責無旁貸，所以她毫不猶豫的捐獻了兩千五百元，僅次於總經理、幾個副總和部門負責人，她因此得到了公司的表揚。

　　另外一次就是某一段時間，某地暴發了罕見大洪水，公司回應社會倡議，為水災地區災民募捐。在募捐之前，辦公室組織大家看了受災地區的電視報導，畫面上那些災民的苦難深深打動了這位女孩，她差點哭了起來。她拿出了當月的全部薪資三萬元。第二天，公司大廳門口，張貼起了「愛心排行榜」，她的大名居然和總經理並列第一，比幾個副總整整多了五千元，而那些一般員工大多是五百元到兩千元。在電梯和走廊裡她聽見有人在相互打聽：「這人是誰呀，怎麼那麼慷慨？」她聽了頗有一種自豪感。在早晨例會上，總經理熱情洋溢的表揚了她，幾個副總則不痛不癢的說了幾句，其他人都酸溜溜的表示要向她學習。一個職員嘀咕了一句：「別人大方慷慨啦，我們是心有餘而力不足的啦！」另外一人甚至嘀咕了一句：「人家是總經理祕書耶！」

　　從那以後，她總覺得自己周圍的同事們看自己就像看一個外星人一樣，傷心的她哭了好幾個晚上。

　　從這件事來說，小薇只是展現了她善良的一面，而且只是表達了自己的善心，按理說，這是沒有什麼錯的。但她卻為何得到這種下場呢？其實，很簡單，那就是她所採用的方法不得當，而也是這種方法使得自己走進了不受歡迎之列。

拉幫結派

　　由於受傳統思想的影響，家族、氏族、老鄉、江湖義氣等宗派主義觀念在東方人根深蒂固。不得不承認，在舊體制的條件下，由於產權關係混亂，這一套還有很大的市場。以前有一句名言反證了宗派主義的重要性：「你有天大的本事，老子不用你，奈何？」但隨著經濟的發展，一大批現代企業制度

健全的企業拔地而起，這一套陳舊的東西已經越來越吃不開了，能人走到哪裡都受歡迎，庸人到哪裡都吃閉門羹。

　　但有些人，特別是那些對自己能力沒有自信的人，觀念很難與時俱進，不管到哪裡，老是喜歡拉關係，找後臺，抱大腿，拉幫結派。也許這樣他在短時間內可以如願以償，因為人的樸素情感總是根深蒂固的。但這樣的關係不可能長久，別人完全可能因為你的平庸而受到拖累，那麼原本脆弱的友誼，也就頃刻間土崩瓦解了。

　　作為公司老闆，對於任何拉幫結派的苗頭和企圖，老闆都會毫不手軟的打壓和扼殺，因為這會影響到他企業的正常運轉。

　　小政是剛剛畢業的大學生，他屬於那種自由派知識分子，為人比較超脫，對鄉族觀念、宗派觀念很淡漠甚至很反感，這主要和他在大學時同鄉會中的境遇有關。本來遠離家鄉，老鄉互相關照也沒有大的過錯，但他看不慣那種沒有原則的交情，很多都蒙上了一層私利，甚至發生了「老鄉、老鄉，背後一槍」的事情。這一切和他的自由主義精神直接衝突，他以為人的接近應該是志趣和價值觀相同，而不是地域和血緣。所以他對那些以此來和他套近乎的人保持著異常的警惕，接觸一下，可以結交的結交，無法結交就疏遠他。

　　他剛剛踏出校園進了一家報社的門，就敏銳的覺察到人事上的刀光劍影，各個部門內都分別以地域、學校等淵源劃為幾個派別，工作中處處為難，甲說東，乙偏要說西，並不是為了原則，而是為了「立場」，即純粹是為了反對而反對！老闆為了維持運轉，只好玩平衡。小政只求將本職工作做好，拒絕加入任何一方，因而成為雙方都不歡迎的人。他跟老闆談了話，老闆雖然也感到頭疼，但由於體制的原因無能為力。報社也在這樣無聊的內耗

中一天天衰敗下去，他覺得不順心，離開了這家報社。

心術不正

隨著時代經濟的發展，現代企業制度也逐步健全、完善，其所展現出的一個重要特點就是企業所有權和經營權分離並由此誕生了一些資深主管 ── 擁有專業管理、經營能力並以此為職業的人。他們是企業的管家、大夫和領頭羊，但更加本質的身分依然是「打工仔」，只不過是「策略性工蜂」，是「頭號打工仔」而已。

於是個別資深主管心理失去平衡，覺得「奶媽抱孩子，都是人家的」。對企業沒有歸宿感，產生了「有權不用，過期作廢」的心態，這就不僅僅是心理失衡，而轉換成為了心術不正！

他們一邊對老闆陽奉陰違，一邊偷偷培植自己的勢力，對不屬於自己的東西垂涎欲滴，一旦自以為掌握了核心資源，就明修棧道，暗渡陳倉，甚至到了最後反擊。但遺憾的是，由於從一開始他們就沒有找對自己的位置，高估了自己的智商，低估了別人的能量，終於落得個雞蛋碰石頭的結局。

一定要相信，沒有人會無緣無故的成為你的老闆，即使退回到宿命的觀點，有很多事情你是註定無法改變的。比如人們都會認為管仲比齊桓公，諸葛亮比劉備，曹操比漢獻帝，都聰明得多，還有不計其數的宰相都比他們的「老闆」賢明，但他們註定只能夠坐到「CEO」這個位置。功可以高，但絕對不要蓋主！這是一條不可逾越的紅線。所以一個成熟的職場「鬥士」，他必須非常清楚自己到底是誰，幾斤幾兩，最多能夠走到哪一步。

張世平是某國立大學的 MBA，在某私營企業老闆的邀請下加盟該公司任 CEO。老闆是個只有國小學歷的農民企業家，經過十多年的打拼，產品已

經行銷各地，員工達到一千多人，但此刻其也不可避免的遇到了所有家族企業的通病，管理混亂，裙帶關係嚴重等等。

老闆的思想比較開明，力排眾議，決定用高薪招賢納士，張世平就是在眾多的競爭者中被老闆垂青、確定的。在迎接新老闆的全體員工大會上，老闆隆重推出他並鄭重宣布自己從此以後徹底退出總經理職位，只擔任董事長，絕不過問公司的具體管理和經營，今後全權由「能人」負責。

張世平就這樣風風光光的走馬上任了。事後證明，老闆兌現了自己的承諾，從不干涉公司的具體事物，即使有很多人打新總經理的小報告，董事長也絕不輕信，還批評了「告密者」。年底董事長也按照合約付清了給他的高額年薪。

剛開始張世平還是兢兢業業的，無論管理還是業務都大有起色，對董事長也是畢恭畢敬。但隨著自己威信的不斷提高，隨著自己親信的不斷增加，隨著自己對業務的不斷熟悉和關係網路的不斷廣泛，他漸漸的迷失了自己。他先是利用自己的親信做起了「代理人公司」，什麼亂七八糟的費用都拿過來報銷，用公司的資源養肥了這個空殼公司。

在公司內部，他居然還想和董事長平起平坐，刻意淡化董事長的影子，處處突出自己。今天在電視上誇誇其談，明天在雜誌封面上露臉……以至於達到了外人都不知道這個企業董事長到底姓什麼的地步。終於，一個優秀的私人企業被掏空了，而 CEO 卻成了一顆冉冉升起的企業「新星」。

由於其心術不正，公司的財務漏洞越來越大，很快陷入困境，董事會強烈要求進行財務監管。這本來是董事會正常的監督權利，但他卻以種種理由拒絕，公司成了一個話聽不進，針插不進，水潑不進的獨立王國！終於激怒了董事長，他召集老部下策劃了一次「宮廷政變」，輕易就將這個心術不正的

張世平「掃地出門」，並且將其送上了法庭。

弄虛作假

　　林肯曾經說過：「一個人有可能在某一個時刻欺騙某一個人或者所有的人，但絕不可能在所有時候欺騙所有的人。」

　　誠信是一種被世人所公認的世界價值，不管是宗教教義，還是世俗教育，都要求人們悟守信義。在「契約社會」裡，契約精神的核心就是誠信。誠信是整個社會正常運轉的中樞和平衡的槓桿。誠信不僅僅是社會的基本要求、公司的根本宗旨，也是「立人之本」，東方人自古以守信義、講信用為美德。孔夫子就曾經這樣說過「人而無信，不知其可。其何以行之哉？」最高的道德標準就是信義二字。所謂「人無信不立」，「言必信，行必果」。

　　但總是有一些被利益驅動所迷惑的人們，卻只熱衷於投機取巧，甚至瞞天過海，結果往往是自食其果。

　　侯某是一位在職場上「浪跡」多年的人士，也算是有一定工作能力，但其虛榮心極強，他的一般大學的大學學歷讓他覺得沒面子，於是在校園附近花錢買了個「國立大學」的假文憑，並憑這張文憑混進了一家大公司，四處吹噓他是國立大學畢業。國立大學畢業生還是比較搶眼，但很快公司的同學聚會就讓該君像白蛇娘子喝了「雄黃酒」── 現原形了。從此，此君狼狽不堪，被迫在奇怪的眼光中離開了該公司。

　　看來還是應了那句老話 ── 要想人不知，除非己莫為。其實一般大學又何必自卑呢？文憑又不等於水準，可能他還不知道，這家大公司的老闆還是個高中學歷呢！真是可悲、可嘆啊！

輕視自己的老闆

越是才華出眾，越要慎重處理同老闆的關係。蔑視老闆，我行我素，對抗老闆，不僅會損害整個組織的利益，而且對自己也沒有絲毫的好處。

從某些意義上來說，你是在給老闆工作，對老闆負責，所做的一切都是老闆交給你的任務。所以，你應該時刻想著老闆，尊重老闆，甘心為老闆效力，這是處好你和老闆之間關係的一個最基本的前提。

這樣下列幾點就需要你特別注意：

1・不能揭老闆的弱點

輕視主管的人往往不尊重老闆，喜歡挑老闆的毛病和揭其弱點。他們在內心裡是看不起老闆的。這樣，上下級關係就很難得到正常的發展。老闆往往會因其故意損害自己的威信，輕者批評他，重者則把他「炒了魷魚」；做得公道點，便以紀律要求他；做得稍過點兒，便是處處與其為難，從而使其不會再有好日子可過。

2・不賣弄自己

輕視老闆的人常常把精力用在挑剔老闆的毛病之上，從而不願意認真做事，甚至常常於人前賣弄自己的才學。

由於賣弄，結果他往往使自己真正的才能也難以得到發揮，漸漸的使其對事業的忠誠度日益減少，用於抱怨之心增多，個人才華逐漸「生疏、埋沒」，時間長了，便成為無所用心的庸人。

3·不能敷衍老闆交辦的工作

輕視老闆，往往看不起老闆的能力，對其命令更是百般挑剔，不願用心思去落實，敷衍了事。

心態過於消極

對於剛步入職場的新人來說，常常對自己寄予很高的希望。往往稍微碰到一些不如意便心灰意懶，怨天尤人。另外還有一種人屬於天生的「抑怨派」和「悲觀派」，嚴重的消極心態距離「受虐心態」只有一步之遙，總是覺得全世界都在和自己作對。

一個消極心態的人由於隨時都不快樂，懷疑一切，人際關係就註定好不了，工作效率註定高不了，生活註定沒有什麼品味，身體健康也不容樂觀。

而一個「樂天派」則生活處處充滿陽光，欣賞自己，也欣賞別人，無論陷入什麼境地總會坦然面對，並以積極的心態從中尋找樂趣和機會。職場上的成功人士，無一例外是那些積極心態的人物，就像《阿甘正傳》之中的阿甘，無論自己的境遇多麼惡劣，都始終保持坦然心態，什麼都爭第一，即使是擦皮鞋，擦得也比別人都亮。

張彭來自貧窮地區，僅僅是個高中畢業生。剛到都市的時候，由於學歷太低，連一個保全的工作都找不到，每天住在潮溼、陰暗的地下室裡。就在他哀嘆蒼天不公，準備返回家鄉的小村莊時，他的命運出現了轉機。他在地鐵口賣報紙時，從一個顧客的口音中認出了一個老鄉，立即攀談。老鄉在都市一家外商工作，對他鄉遇故知感到非常高興，對張彭的遭遇也非常同情，便來往起來，為他找了免費住處，張彭也高興的接受了。

這位老鄉還留心為張彭找工作。不久，他一個朋友的公司在招聘模特兒

經紀人，按照張彭的條件，他連初試的資格都沒有，但看在朋友的面子上，決定給他一個機會，於是一個朝不保夕的賣報人搖身一變成了「模特兒經紀人」，每天和這些以前連見都沒有見過的美女在一起工作。

按理說張彭閱歷平平，收入暴增，他應該感到滿足了。可這時他居然心理不平衡起來，因為其他員工可以拿到他的兩三倍，所以他常常在老鄉面前抱怨公司待他不公。老鄉要他學會知足常樂，即使要賺更多的錢，也要腳踏實地，先充電，提高業務能力，而不能只會消極的抱怨。可是張彭認定了是別人故意刁難他，從來不鑽研業務，而總是要老鄉出面幫忙，安排給他更加重要的職位。有好多次，老鄉正在參加公司的重要會議時被他的電話「騷擾」，老鄉終於忍無可忍的拒絕了。過後，張彭對老鄉也產生怨恨，覺得他不夠意思，他覺得老鄉就應該無條件的幫忙。而正因如此，他沒有把自己的心態放對位置，很快便丟了這份工作，此時他的老鄉也幫不了他了，更不想幫他了。

誇誇其談

假如你已久經職場，那麼你便常常能看到這樣兩種人，他們基本上都是職場新人，一種是剛剛參加工作的、在學校才華橫溢的年輕人；另外是那種剛剛跳槽而來的，有些還是被主管給予了很大希望的人。

這兩種人在最初的露面和會議中，急於表現自己，常常滔滔不絕，口若懸河，主管為了照顧新人的面子或者鼓舞士氣，一般不會干擾他的長篇大論。語言這個東西有快感，表演起來容易令人上癮，往往陶醉在當中就忘了自己在說些什麼。這樣的行為恰恰是他的不自信或者過於自信而導致的結果。

　　但公司畢竟是公司，是講究實際效益的，有許多事情不是透過說，而是透過做來展現的，或是透過實際效果來證實自己的才氣。只有做出點成績來給人看一看，這才能證明你的真才實學，讓人心服口服。

　　比爾蓋茲有過這樣的名言：「這世界並不在乎你的自尊，它希望你在自我感覺良好之前有所成就。」如果離題萬里，不切實際，言之無物，就令人遺憾和厭惡了。

　　請你一定要注意，除非你的公司是個演說公司，否則你不要去做「演說家」。即使是演說，也要記住那句關於演說的名言 ── 「演說就像電視連續劇之間的廣告，越短越受歡迎。」能用三分鐘表達完的事情，千萬不要說上三個小時，如果你是那種不講話就會發瘋的人，那就建議你先在家裡對著鏡子大聲說上一個小時，直到筋疲力盡，直到沒有心情在辦公室胡說八道的程度時再去上班。這樣對你絕對有好處。

　　曹某頗有演講才能和喜劇天賦，在學校時她便是演講隊的核心成員，多次在學校獲獎。她畢業後先是在一所中學教書，由於推行教學做得烏煙瘴氣，被學生家長「彈劾」離職。

　　為了維護自己的尊嚴，展現自己的價值，緊隨時代潮流，感受時代脈搏，曹某毅然從學校辭職，加盟了一家大型保健品公司。當時老闆看見她的履歷中有「×× 大學演講大賽一等獎獲獎者」時，覺得她可能是開拓市場的一把「殺手鐧」，於是連面試都沒有進行就錄取了她，並對她委以重任，讓她在隨後一次重要的聯盟商加盟大會上代表公司發言，著重談談公司的美好前景，給猶豫不決的聯盟商打打氣。

　　她也做了精心準備，志在必得。但沒有想到，這樣一次重要的機會卻在鬧劇中錯失。她雖然只做了幾天，老闆趕緊像送瘟神一樣把她送走了。

第九章　不要讓自己成為不受歡迎的員工

　　那天，在一家五星級賓館的會議中心，會場內座無虛席，每人都穿了公司贈的綠色公司制服。主席臺上坐著公司的高層人物，形形色色的專家、學者和政府官員，前幾排是各路媒體記者，後邊是的幾百名聯盟商，氣氛頗為隆重。花枝招展的曹某被安排坐在一個副總的身邊。

　　大會開始了，幾個老闆做了簡短的、禮貌性的發言，就隆重推出這位演說家，主持人介紹曹某是公司發言人。她一上臺，一場演講大賽開始了。一番客套之後，她先從傳統「食療」理論談起 ── 「……『食療』是食文化和醫學文化中一顆璀璨奪目的明珠，一朵奇葩……道教之父老子曰：『萬物皆備於我，我備於萬物』……由於歷史的、科技的原因，古人治病時在藥物的選擇上多藥食不分，醫食同源，食即是藥，藥即是食……飲食療法起源於周朝，至今已有三千多年的歷史……《千金食療．緒論》中道……《神農本草經》中許多藥物即為食物……漢代醫學專著《黃帝內經》……元代御膳醫忽思慧所著《飲膳正要》一書……《本草綱目》裡面……」

　　這樣的局面導致專家不滿和不屑 ── 你都說完了，還請我們來做什麼呀？

　　「哪裡找了這麼一個小品演員？活寶！」

　　「來點實際的！」

　　「怎麼跟傳銷似的？」

　　「不是賣狗皮膏藥吧？」

　　「什麼時候才開飯呀？」

　　「我買的是下午三點的飛機票！」

　　……

　　聽眾中有人嚷起來。老闆氣得眼珠子都快掉下來了！

此時的曹某談興正濃，渾然不覺，繼續著她那高亢、激昂而略帶神經質的演說⋯⋯

為了結束這場「災難」，老闆只好請人悄悄斷電然後歉意的說保險絲燒了，宣布散會。就這樣，公司的面子蕩然無存，而曹某也因此而丟了工作。

好奇心過重

由於受傳統思想的影響，人們總是喜歡以團體主義的名義要別人交出隱私，這極不適合現代社會理念。人是社會的，又是個體的，人是有人格尊嚴的，只要和社會利益沒有關係，每個人都沒有必要，也沒有權利去探聽別人的絕對隱私。

有些心術不正的人，想利用別人的隱私達到傳播謠言，打擊別人，抬高自己的目的。在辦公室這樣的交織著利害關係的公共環境中，同事之間不可能成為人生知己，那麼你也就不要去試圖得到別人的隱私。「長舌婦」心眼也許並不壞，但常常比一個罪犯還令人厭惡，不要為了貪圖一時口舌之快，而成為眾矢之的。

如果你在工作中遭遇這樣的人，你最好一隻耳朵進，一隻耳朵出，至少不作任何評論，不想說的可以婉言而堅決的迴避，對有傷名譽的傳言一定要表現出否定態度，同時注意言語還要有風度。如果回答得巧妙，就不但不會傷害同事間的和氣，又迴避了自己不想談論的事情。保護隱私一來是為了讓自己不受傷害，二來是為了更好的工作。當然也沒必要草木皆兵，但凡工作之外的問題最好不要太多涉及，否則便很容易讓人以為你這個人不近情理。

有時候，你也可以拿自己的私人小節自嘲一把，或者配合大家開自己的無傷大雅的玩笑，呵呵一樂，會讓人覺得你有氣度、夠親切。但一定要把握

一個度，玩笑就是玩笑，千萬不可當真。

小霞至今也不明白自己為什麼從辦公室裡人見人愛的「開心果」成了人見人躲的「瘟神」。她人不錯，業務也很好，只是熱情過度，吹鬍子瞪眼，對什麼都喜歡打破砂鍋問到底。別人問她怎麼會這樣，她說可能是因為小時候看《十萬個為什麼》看多了的緣故。

這樣的「科學精神」拿到實驗室還行，拿到辦公室就非常恐怖了。她見到任何一個同事，都會像以前查戶口似的，從人家的前三代查起。而且她沒有個人隱私的概念，常常打聽別人難以開口的事情，如薪水，同事之間、同事和老闆之間的關係，甚至連別人的夫妻感情也追根究柢，並且總是一驚一乍的。

剛剛開始的時候，別人還認為是對自己的關心，也當成談資笑料說說，但發現她對誰都一樣，還把同事甲的事情拿去和同事乙作對比，大家都因此而後悔不已。從此一見到她來了立即實行「堅壁清野」政策，躲不掉就顧左右而言他，比如天氣、新聞什麼的。她忽閃著她那雙大而無神的眼神，感覺自己很受傷。

可是，不諳世事的小職員哪裡會想到，說不定什麼時候，一個毫不經意的資訊就可能成為一件大規模殺傷性武器，被別有用心的人用於「恐怖襲擊」。這不僅會給別人帶來傷害，最後恐怖得最深的還是自己。

洩漏公司祕密

你洩露了國家的祕密，你就是間諜；你洩露了公司的祕密，你就是罪犯；你可否知道你洩露了別人的隱私，你就是出賣了別人。

眾所周知，一般人最忌諱的便是「吃裡扒外」的人。在一個公司裡，很

多資訊都是有商業價值的，必須嚴防死守。所以，一個成熟的職場人的一條基本素養就是，不該你知道的，就絕對不要去打聽；已經知道的，就要守口如瓶。如果洩露了機密，給公司帶來預想不到的損失，不管你是刻意的還是無意的，都會受到法律的追究。

　　A 君和 B 君兩人大學同學。畢業後，A 君在一家電腦軟體公司做程式設計師，是公司的業務核心人員，B 君在另外一家同類公司做市場，兩人多年沒有聯繫了。兩家公司都在開發同一種前景廣闊的辦公室應用軟體，是最大的競爭對手。

　　一個偶然的機會，當 B 君知道 A 君是這個專案的核心人物時，心中大喜，計上心來。在接到 B 君的飯局邀請後，A 君想都沒有多想就去了，兩人幾年沒有見，異常驚喜，又是吃飯，又是喝酒，正應了飲食文化中的那幾句酒諺 ──「要想抓住別人的心，首先抓住別人的胃」。被灌得暈頭轉向的 A 君像黃河決堤一樣將公司的絕密資料全盤托出。

　　後來，遙遙領先於對手的 A 公司被對手捷足先登，打了個措手不及，巨額研發費用化為泡沫。看著滿商場的同類產品，A 君氣得渾身發抖，羞愧難當的離開了公司。但最終由於公司受到了巨大的損失，還是把他送上了法庭。這也是他應承擔的責任、必須受到的懲罰。

第九章　不要讓自己成為不受歡迎的員工

第十章
輕鬆遨遊職場

　　古人云：「千里之堤，毀於蟻穴。」千萬不要忽視那些微不足道的細節問題，因為往往就是那些毫不起眼的地方，說不定會在某一時刻成為你走向成功的支點。在職場中有許多細節問題同樣能使你平步青雲，關鍵在於你是否能去發現它並能巧妙利用。或許某一天你會驚奇的發現，原來成功就這麼簡單！

掌握公司的遊戲規則

在職場中，也有其特定的輸贏規則。而且每一個公司都有自己的特殊規則，有的是明文規定的，有的則是不成文的、在公司內通行的做事方法。你只有了解公司的這種「遊戲規則」，才能在裡面輕鬆遨遊，並很快的得到老闆的賞識、同事的認可。反之，則在公司中變得寸步難行，甚至不會有什麼太大的發展。

在這個高度競爭的時代，許多企業都要求自己的員工用團隊精神來完成工作，以期在短時間內完成目標，所以身為新進人員要去學習並遵循公司內部明文或非明文的規定。

在這裡你首先應該熟悉組織中明確的規章制度。例如公司工作時段是否有休息時間，公司有沒有規定要穿怎樣的服飾，公司有什麼樣的加班制度。規章制度是企業的基本的運作規則，如果你不了解各種制度，在工作中經常違反制度，那肯定是不行的，其他人肯定對你也沒什麼好印象，覺得你是一個不合格的員工。

除此之外你還應該去了解組織中各種不成文的規則，不同的公司遊戲規則也不同。例如：這個公司的整體的企業文化是什麼樣子，你的主管喜歡什麼樣的下屬；怎樣做才能贏得大家的好感；誰在公司中對主管的決策有很大的影響力；怎樣做才不得罪別人；怎樣才能以最快的速度融入到公司裡去等等，這些都是你應該了解的。

有的公司鼓勵員工提出問題與創新，這時你就要細心發現新問題、新情況，提出來和大家共同討論。但有的公司行為比較嚴謹，希望員工本分的做好自己的事情就行了，這時如果你太過於出風頭，經常提出各種各樣的問題，則會被別人看做是愛出風頭。也就是說，你在公司中的行為，要和其他

人的行為基本保持一致。

　　一般來說，公司是鼓勵團隊合作的。要處理好與大家的關係好，要共同來解決問題。有的公司則強調自己要有主見，要充分表現自己的個性。

　　有的公司很注重個人形象和在大眾場合的禮儀等，如果你很不注意小節，邋邋遢遢，那麼公司中的主管和其他同事對你不會有好印象，這樣會給你帶來許多不必要的麻煩。

　　值得一提的是在你工作之時，要注意不要太浮躁，要沉穩。剛來公司時，少說話，多做事，要聰明行事。有不懂的地方多向老員工虛心請教。盡量不要把自己的私事帶進辦公室，必要的時候告訴家人朋友，讓他們盡量不要在上班的時間把打電話到辦公室。對於職場中的人來說，多注意一些細節是很必要的。

　　當你熟悉了這些遊戲規則後，在職場中你便可以輕鬆取勝和遨遊了。

面對工作要坦然

　　許多人都是對自己的現狀很不滿足，並不斷的進行努力，試圖改變一切，但有些人在一段時間後回顧自己的工作和生活時，仍不禁發出不滿的嘆息——

　　住的房子很小很普通；我還沒有自己的一輛車，有時候，我會和全家一起去旅行，卻無法去太遠的地方；每個月我會有些錢存起來，可至今數目仍不是很大；我目前的工作，它能給我一份薪水收入，滿足我一些微不足道的需求；我深知我不會變成很富有，我所能做的只是得過且過，一天拖一天；我有自己的目標，經過這些年看來卻顯得不太現實……

　　這是許多人在經歷了人生的一段歷程之後的一貫想法。他們每天會在固

定的時間睡覺、起床，吃相同的午餐，不停的嘀咕，一再的埋怨。每天都沿著相同的路線上班，以那種無可奈何的態度和同事打招呼，吃一成不變的午餐，再工作，然後下班回家，吃晚餐。就這樣周而復始的過著一天天無聊、疲憊的生活。

據調查，生活中有百分之六十的人都是這樣度過一生的。其餘除了一些自甘墮落、一無是處的人以外，許多人都奮發向上，享受著自己的快樂人生。

這些人的共性就是待人平等，充滿自信，為自己的工作而努力，薪資的報酬也會配合他自己的能力。如果他極力發揮他的才幹與能力，他也會期望更多的報酬。總而言之，他認為他能主宰自己的命運。

在工作中，他們每天都要為確保自己的職位與榮譽而不停的努力。他們並不害怕有人會超越他們，正好相反的是，他們非常樂意有人與他競爭，而他們能從中得到樂趣。他們很樂意發揮自己的潛能，但卻不屑於去擊敗那些二流的人物。他們每年的假期並不是只有一次，有時間就去。他們和家人都認為這是一種享受。在心理意識上，他們喜歡過一種驚險的生活，做一些特別的、富有刺激性的事情。

他們會把自己的眼光放遠。他們不會使自己目光短淺，無所事事。他們會在一定的時間內，完成他們所預定的目標。他們會盡量去爭取各種有利的機會，因為他們認識到自然界的一切都隨時在變化。在他們的生命中，已經有一張藍圖，而他們也一步一步、很踏實的往前邁進。

這就是兩種不同的人的生活工作和心理狀態。前者是被動者，是受消極心理因素影響，只能聽命行事，收入微薄的小人物。他們毫無主見，只接受別人的指令行事，他們已經完全從生活的戰場上退卻，自行宣告投降了。而

後者則有可能成為又瀟灑又受人尊重的大人物,「力行」的成功者。他們的心智已經成熟,能勇於承認自己的過錯。也因為如此,他們就更能夠再成長、再突破,勝任更重的責任,擔當更大的職位,享受更美好的生活。

　　或許現在的你仍舊屬於那百分之六十之中的人,你曾為自己努力過,奮鬥過。但事與願違,你並沒有達到自己的理想,或許你覺得自己的信心已經夠了。但要記住,命運不會忘記任何一個努力的人。嘗試著重新審視自己,振作精神,重拾信心吧。然後,坦然面對一切,這樣你會擁有得更多,輕鬆得更多。

永遠保持最佳精神狀態

　　微軟的一位招聘官員曾經說過:「從人力資源的角度講,我們願意招的『微軟人』,他首先應是一個非常有熱情的人:對公司有熱情、對技術有熱情、對工作有熱情。有時在一個具體的工作職位上,你也會覺得奇怪,怎麼會招這麼一個人,他在這個行業涉獵不深,年紀也不大,但是他有熱情,和他談完之後,你會受到感染,願意給他一個機會。」

　　以最佳的精神狀態工作,不但可以提升你的工作業績,而且還可以給你帶來許多意想不到的成果。這就像許多剛剛進入公司的員工,自覺工作經驗缺乏,為了彌補不足,常常早來晚走,鬥志昂揚,就算是忙得沒時間吃午餐,依然很開心,因為不但工作有挑戰性,感受也是全新的。

　　這種工作時熱情四射的狀態,幾乎是每個人在初入職場時都有的經歷。可是,這份熱情來自對工作的新鮮感,以及對工作中不可預見問題的征服感。一旦新鮮感消失,工作駕輕就熟,熱情也往往隨之湮滅。一切開始平平淡淡,昔日充滿創意的想法也消失了,不知道自己的方向在哪裡,也不清楚

究竟怎樣才能找回曾經讓自己心跳的熱情。正因為如此，在主管眼中的你也由一個前途無量的員工變成了一個比較稱職的員工。

保持對工作的新鮮感是保證你工作熱情的有效方法。不管什麼工作都有從開始接觸到全面熟悉的過程，要想保持對工作恆久的新鮮感，你就必須改變對工作只是一種謀生手段的認識。把自己的事業、成功和目前的工作連接起來；除此之外，就是你要給自己不斷樹立新的目標，挖掘新鮮感；把曾經的夢想揀起來，找機會實現它；審視自己的工作，看看有哪些事情一直拖著沒有處理，然後把它做完……在你解決了一個又一個問題後，自然就產生了一些小小的成就感，這種新鮮的感覺就是讓熱情每天都陪伴著你的最佳良藥，也是促使你更早成功的催化劑。

主動且不計較個人得失的工作

有人做過這樣的調查 —— 假如現在有兩副擔子，一副兩千五百克，一副五千克，同樣報酬是五十元，你挑選哪一副划算呢？結果在眾多被調查者中，多數人會說同樣報酬當然揀輕的划算。其實，答案是顯而易見的。但是不知你是否想過同樣報酬揀重擔的好處。挑重擔雖然吃力，但它會使你的能力增強；揀輕擔雖然省力，但它無法發揮你的潛能，會造成你人力資源的浪費。

如何贏得主管的好感，這是每個職場人士都迫切關注的。有一位公司的員工陳某非常能贏得主管好感，二十多歲就被提拔為業務經理。他的成功令人思考。他之所以能贏得主管好感，正在於他工作積極主動，勤勤懇懇，又從來不計較報酬。比如公司主辦大合唱，有人覺得站在臺上傻乎乎的，而不願參加。但他卻不同，類似這樣的活動，他都積極參加，而且在活動中，充

分表現自己的能力。

　　一般來講，主管都喜歡那些肯工作、有能力的人。誰不願意自己有一個工作積極主動而能力又強的下屬呢？如果公司有位員工，工作積極肯做，有能力，還不斤斤計較，將來公司要重用、提拔員工，第一個考慮的當然是他。有些人多做了一點工作，就跟主管計較，還自以為很精明。

　　你那多做的工作，就因為計較，會讓主管覺得你多做工作，就是為了爭報酬，而對你頓失好感。你那多做的工作不也就白做了嗎？聰明人，積極主動工作，充分表現能力，而又絕不斤斤計較。

　　主管不會對你的表現視而不見，因為主管正喜歡這樣的人。這樣下去，時間長了，自然會對你加以重用。可以這樣預測，一年內有人工作勤懇主動，不計較得失，一年後，主管對他的態度肯定會大有轉變，並且在有機會時主管想到的肯定是他。

　　有位祕書對老闆說：「老闆，你今天給我加薪資，我明天保證好好工作。」老闆說：「你這話是否說顛倒了？這就像你在對著爐子說：『爐火啊，你燒旺點，燒旺了我再給你加柴。』」因為一個人只有先加柴，才能讓爐火燒旺；職場中的人只有先努力工作，才能期望老闆給你加薪資。這是毋庸置疑的。

機智而又靈活

　　在職場上經常會遇到解不開的難題，有些人就像老驢拉磨一樣，眼睛始終離不開那個圈子。一個成熟的職場人士，總善於在紛繁複雜的局勢裡獨具慧眼，另闢蹊徑，事半功倍。

　　只要是正當的行為，你就可以使用一些適當的「手段」或方式。而這些手段或方式也正是你機智的一種表現，只有學會利用這些手段，你的職場之

路才會走得更加靈活。

　　楊某畢業後到一家報社當財經記者。一次報社企劃了一個企業家訪談欄目，社裡一直想採訪一位從事電腦軟體發展的大老闆，主要還是聯絡一下感情。這位老闆處事低調，多次婉言謝絕了邀請。由於這位大老闆從未在這家報社做過廣告，對報社而言，這意味著一筆潛在的、巨大的廣告費的流失。

　　請客人家不參加，送禮又不妥當，連美女記者出馬也無濟於事。該社主管頗為頭疼，決定重賞求勇夫。在一次報社大會上，該社主管宣布，誰能夠拿到這位企業家的獨家，首發訪談稿件，除了稿酬按照一類稿酬以外，報社還另外發獎金五萬元。

　　人們群情激奮，迅速行動，八仙過海，各顯神通。剛開始楊某也向其他人一樣，採取死纏爛打的方式，但發現那根本就沒用。因為這為老闆為了防記者而構築了一道厚厚的「防火牆」：一是電話打不到他手裡，全部被祕書擋駕；二是很難見到他本人，他上下班都在使用專用辦公室和車庫的電梯，外人無法進入；三是即使見到他，前呼後擁的人也使你無法靠近。

　　而楊某是個很聰明的人，他決定採取迂迴戰術。於是他透過在這家公司工作的朋友的朋友的朋友打聽到，老闆的夫人剛剛去世，兩人感情很深，老闆每個週末的黃昏都要到公墓去坐一會，沒有任何隨從。正好他去世的奶奶也安葬在那裡，於是他在週末買了鮮花早早的就到了公墓，先給奶奶獻了一束花，然後找到老闆夫人的墓碑，獻上了一束花，靜靜的等待著。

　　黃昏時分，老闆果然來到公墓。他神態淒涼而凝重，步履瞞姍，完全不像平時那樣。他看到一個陌生英俊的小夥子在夫人墓前默哀，迷惑不解，就問他為何給一個死去的陌生人獻花。楊某在非常機智的時候，最恰當的地方，說了一句他有生以來最恰當，最有水準的話：「天下的母親都是一樣的！

您看，他們柔和而慈善的眼神是那麼相像！」老闆心裡「咯噔」一下，大為感動，於是和他攀談起來，深情緬懷了夫人，熱淚盈眶，末了，還到他奶奶墓前拜祭一番。然後兩人從公墓一起回城，在一家飯店吃飯，談得頗為投機。

幾天後，他以老闆提供的資料，寫了他的情感史，尤其是夫妻感情，真摯感人，在發表前讓老闆先審核，如果不滿意就不發表。這樣的稿件和通常寫老闆的那類不食人們煙火的「神人」「超人」稿件完全不一樣，老闆看後非常滿意。稿件發表後，為老闆贏得了良好的口碑，同時也為機智靈活的楊某贏得了榮譽與財富。

善於傾聽忠告

久經職場的人都是一冊豐富的人生之書，其中不乏經驗老到者。如果你常與他們交流，他們會告訴你成敗得失，告訴你哪是直路哪是彎路；他們甚至「能掐會算」，準確的告訴你在什麼樣的轉折處，會發生什麼問題，告訴你「天欲福人，先以微禍」這樣充滿哲理的人生道理。在你碰到難題時，經過他們的指點，能使你豁然開朗。所以，在職場之中，你應該多聽聽這些「前輩」的「無字真經」。

身在職場，你要學會多聽老員工的意見。老員工在公司待的時間久些，對公司裡面的各種規章制度都比較了解，多和他們交流，有時多向他們請教，你就會很快對這個公司熟悉起來，並且能盡快的投入到工作之中。

錢某大學畢業剛應聘進了一家公司。開始上班時，他不懂那麼多規矩，只是覺得把本職工作做好就行了。但是後來他發現，很多不在他工作範圍內的事情大家都要他做，例如打掃辦公室、掃地、整理辦公桌，給主管做事情有時做不好還會挨罵。他覺得非常煩悶，這些事情本來不在他的工作範圍之

內，好像是其他人故意這樣整自己，不知該忍氣吞聲還是罷工不做。

　　後來，一位只比他早來一年的同事悄悄的告訴他，說這是這個公司的規矩，新人一定要學會忍受。公司認為這樣能鍛鍊你的忍耐力、承受力、協作力，去除你身上的嬌氣，等過了試用期就好了。他明白了真相後，有什麼緊急工作，總是很主動的承擔下來，頗得主管和同事們的讚賞。也正因為這樣，他的試用期很順利，而且薪資也比預想的多得多。

　　每個公司都有自己特殊的企業文化，而且公司內各種人物之間的關係是怎樣的，新員工也不知道，這就需要認真的聽取老員工的話。對不懂的事更要表現出虛心的態度，切不可不懂裝懂，這樣才能盡快的被他人所接受。

　　老員工作為資深的「前輩」，他們在公司裡工作的時間長，各方面基本情況了解得多，經驗豐富，對於新員工來說，缺少的正是這些。因此在工作和生活中，碰到難題一定要多多請教別人，這對你是非常有好處的。善於聽取別人的忠告，同時又提高了你的工作效率，你又何樂而不為呢？

工作交往中的「零距離」

　　在職場之中「距離」就像一堵牆一樣，讓人與人之間的關係疏離、冷漠。而人際關係的不良、誤解、敵意、衝突，也常常是距離造成的。所以在你的人際社交過程中，要消除「距離」來營造自己良好的人際關係網。

　　這方面成功的例子很多，但最成功的莫過於沃爾瑪的山姆‧沃爾頓，他是沃爾瑪公司的創始人。很會利用各種手段來消除與供應商和顧客的「距離」，以贏得競爭優勢。

　　沃爾瑪公司最為大家熟知的經營策略，就是永遠為顧客提供更好的服務和更低的價格。所謂「物美價廉，物超所值」，沃爾瑪公司是真正的實踐者。

因為它能落實「顧客至上，消費者為王」的行銷理念，所以成立至今雖已將近半個世紀，業務仍然蒸蒸日上，其所擁有的財富始終高居美國富豪排行榜的前幾名。

沃爾瑪公司的成就固然有賴於他的經營手法，但是山姆‧沃爾頓的領導方式則很少有人提及。山姆的領導才能當然和他的性格息息相關，也與他對人的看法密不可分。歸納他一生的行事作風或處世為人，可用「消除距離」四個字來概括。

沃爾瑪公司之所以能以低價提供服務和產品銷售，在於他率先啟用休斯網路系統的人造衛星。這一衛星最重要的功能，就在於消除總部、商店與配送中心，甚至與主要供應商之間的「距離」，讓所有的商品暢通，庫存減少，因而使沃爾瑪公司擁有比對手成本更低的競爭優勢。

除此之外，透過這套網路系統，沃爾瑪公司總部可同時對一千八百多家商場的員工講話，各地商場和總部之間幾乎等於是「零距離」，彼此的溝通有如面對面一般。

這裡不難看出在與人交往的過程中，進行「零距離」的溝通能產生一種非同一般的親和力，這種親和力可以使你的人際關係更融洽、更牢固。既然「零距離」溝通如此重要，那麼怎樣才能實現「零距離」溝通呢？與你所要進行溝通和交往的人在言談舉止、觀點意見方面保持同步，這是很重要的一個方面。

這就要求你的情緒要和溝通對象處於同一個頻率。這就是說你跟一個循規蹈矩、不苟言笑的人相處時，你就應該表現得嚴肅一點，認真一點；而和一個比較隨和、愛開玩笑的人相處，你不妨表現得輕鬆一點，開朗一點。這樣，你和對方的情緒就是同步的，會讓對方產生一種被理解、被接受和被尊

重的感覺。

　　相反，如果情緒不同步，將使交流雙方的心理距離拉大。在我們的生活中常常會出現這樣的情況：有人在安慰因遭遇不幸好傷心的人時，故意說一些開心事，以為這樣能沖淡對方的悲傷情緒。殊不知，這種反差反而會加重對方的傷心。與其這樣，還不如講一件自己遭遇過的類似的傷心事。這樣，情緒一同步，對方便會感到寬慰，從而對你產生親近感。

　　特別值得一提的是，在你與他人溝通的過程中，特別是提問的過程中，要誘發對方的興趣，透過問題來引導對方產生正面的回饋。

　　你還需要注意的是，在與人交往的過程中，不應該只進行單向的資訊傳遞與接收，而應該在消除距離障礙的基礎上進行雙向互動的交往和溝通，即「互動零距離」的進行溝通。這樣，不僅可以把自己的觀點有效的傳達給對方，使雙方的觀點能夠有所交集且達成共識，避免不必要的誤會，而且能夠以自己獨特的原則和方法，與他人進行互動。

情緒需自控

　　現代職場壓力之大、節奏之快是前所未有的，加上不可避免的辦公室政治，長期生活在其中，人很容易急躁。情緒失控的主要表現是關鍵時候沉不住氣。在沉不住氣之時就會表現得臉紅脖子粗、手足無措、坐立不安、咄咄逼人、強詞奪理、胡攪蠻纏、大發雷霆、出言不遜、得理不饒人，甚至動手動腳等等一系列的行為，這些都會讓你的形象毀於一旦。經常拍案跺腳，大發無名之火的人，是不會得到別人的尊重的。同事會對你敬而遠之，主管則會認為你缺乏處理工作壓力的應變能力，關鍵時候會耽誤大事，平時也有損公司的形象。

一個真正優秀的職場人士除了擁有嫻熟的工作技能之外，還必須有成熟的心理素養，必須善於克制自己的情緒；給人的印象應該是溫和平穩、張弛有度、不亢不卑、能屈能伸，這是應有一的修養和表現。有時候，心理素養甚至比你的工作能力更能決定你的命運。記住，職場不是舞臺，就是舞臺，你也還要走臺步，背臺詞，不可能完全由著你的任性來。身在職場，你就必須學應對任何一種狀況，包括情緒的自控，這樣你才能成為更加成熟的職場人士。

職場之中從不乏女強人，甚至女權主義者。她們能力強，性子急，冒冒失失。這裡就有一位，她是某知名企業的培訓部主管。客觀的說，她的工作態度和工作能力真是不可否認，甚至可以說是不可替代的。但她依然沒有擺脫黯然敗退職場的命運，嚴格的說，她的不幸結局是她自己火爆性格造成的。

公司新開了一個部門，力求在培訓市場上占據一席之地。董事會一直想開發一套立足本土的、有獨立智慧財產權的培訓教材。她就是在這樣的背景下加盟這家公司並被任命為培訓主管，全力負責新教材的開發、編撰。

這位女強人被委以重任後，立即一頭栽進去，帶領三四個人全力以赴。她是個完美主義者，甚至達到吹毛求疵的地步。比如：需要一個資料，本來打個電話查詢就可以了，但是她非要派人到實地調查。又比如：需要一個專家的意見，電話採訪就可以達到目的，而她卻非要堅持面對面的採訪等等。客觀的說，如果你是編撰國家統計年鑒，這樣的精神是必不可少的，但他們這套教材重在傳達理念，資料這些東西並沒有必要如此精確。

這種糾纏於細節的行為不但會增加開發成本，還會延誤市場開發進度。於是，公司有幾次都在肯定她前期工作的同時委婉的批評了她的效率，但她

依然我行我素。後來，在她一次沒有必要的出差歸來後的會議上，公司領導層強調形勢逼人，再次督促她提高效率，態度嚴厲中留有情面。可是她卻認定自己的辛苦沒有得到肯定，自尊心受到傷害，再聯想到在出差途中險遇車禍，長期累積的怨氣如火山爆發，拍桌子，摔茶杯，口出穢言，把公司形容為一個沒有人性的血汗工廠，令全場人員噤若寒蟬，主管威信掃地。

經過總經理辦公室研究後認為，儘管她勞苦功高，但她的性格不符合公司的企業風格和理念，嚴重影響了公司領導層的威信，如果留任則會留下隱患，決定給她停職反省。公司的本意是在教育她的同時，挽回主管的面子，以後還是會給她「平反昭雪」的，公司一個副總還專門和她談了話。但她哪裡受得了如此「欺辱」，沒有多久就堅決辭職了，攔都攔不住。後來，她才意識到自己實在是太衝動了，因為她走了不久，她負責的教材就上市熱賣了，培訓課程也正式招生了，但這一切都似乎與她無關了。

有時候這樣的結局真的是令人得不償失。假如你不懂得控制自己的情緒，依然時時刻刻以「個性」而為之，可能會導致較之上述事例更不妙的結局。

別人是前車之鑑

無數的事實證明，善於學習借鑒別人的成功經驗或者失敗的教訓，並非投機取巧，而是明智之舉，是走向成功的捷徑。

別人的經驗和教訓都是寶貴財富，你必須學會認真學習。只有這樣，才能使你「站在巨人的肩膀上」，在更高的起點上攀登，在更新的領域中取得成功。這就是說在工作中，你可以學習那些優秀員工處理問題的方法，這樣可以提高我們的做事能力，讓自己進步得更快。

　　成功的經驗你要學，失敗的教訓也同樣要借鑒。失敗是不可避免的人生經歷，從失敗中分析原因、汲取教訓是人生一筆不可缺少的財富。只有善於分析各種各樣的失敗案例，去尋找其中更深層次的原因，才能避免自己遭遇同樣的失敗。

　　美國塔克商學院教授芬克爾斯坦認為：「學習成功經驗的最好方法是從研究失敗的教訓中獲得。」

　　在激烈的市場競爭中，公司往往更多的追求卓越、關注成功。然而「智者千慮，必有一失」。任何公司，不論是聲名顯赫的大公司還是名不見經傳的小公司，要想做到一帆風順是不可能的。成功的公司的經驗都是相似的，但失敗的教訓卻各有不同。前事不忘，後事之師。探討失敗的原因，借鑒公司失敗的案例，能夠給現在好的或者壞的公司以警示。

　　在職場中，你需要學習老員工的經驗與教訓。對於那些老員工，他們在公司裡工作的時間長，各方面基本情況了解得多，他們做事情的方法，他們的成功與失敗，對你都具有很好的借鑒意義。

　　別人的經驗有其積極的作用，但千萬不能拿來當萬能藥，如果認為別人的經驗在什麼場合都適合，那就錯了。別人的經驗歸根到底是屬於他人的東西，是他人從其自身的交際實踐中總結出來的。正如世界上沒有兩片完全相同的樹葉一樣，由於人與人的出身、性格、經歷及所受教育不同，因而把他人的經驗完全套用於自己的實踐，顯然是不合的，還需要具體問題具體分析。

　　因此，在學習別人的經驗和教訓時，也不要忘記去總結自己的經驗和教訓。這樣會使你發展得更快。

聰明人不去追求完美

在現實生活之中有些人面對自己的不如意，或是面對事與願違的結果，就失去了控制力，放棄了一切。而導致這種結果的原因就是他們太過於追求完美。

然而，「完美」只是一種目標，唯有透過每一次的「完成」才能使工作更趨於「完美」。不要讓「完美主義」阻礙了你工作的「完成」。如果一個人為了追求完美，而不敢去邁出第一步，他便永遠品嘗不到完美的果實。如果你是完美主義者，建議你也變成完成主義者你不必在乎成果如何，也不要管別人的批評，只要開始行動，完成三分成果，必定能夠為下一個行動做好準備，完成五分的成果。

世間的一切從某種意義來說，是呈現於不完美、不完整與不精確裡面的，而人們的頭腦卻要求一切是完美的完整的精確的。顯然，頭腦是在對抗這既存的事實。不是嗎？一切的一切都是不完美不完整不精確的，可是你不是也依然如此活著嗎？很多人變得心很不安，很煩惱，就是因為放不開完美的心理需求。這也會使人變得沒有彈性，失去人際關係，變得不隨和，變得不快樂！

在生活之中你除了接受世事都不完美的事實之外，還要讓身體能量流動起來。這是很重要的，會心一笑正好是平衡不滿的心性。完美主義者，得失心重，害怕失敗

完美主義者其實是害怕不完美，被完美的意識控制住一切。因為要求完美、害怕不完美，所以變成凡事要具備十分的準備才能開始行動，越充分準備總會越覺得準備不足，但那些都是頭腦的想像。在實務者眼裡，許多準備都是多餘的，除非你開始行動進入實務，你才會明白你真正欠缺什麼，這樣

再回頭準備才能務實，如此不斷，才是真務實。所以要做行動派的完美主義者，不要做頭腦派的完美主義者。不要試圖去追求所謂的完美，只有付之於行動，才能真正達到完美。

解決問題而不是推辭

在工作之中當有人向你申訴時，要意識到你的反應可能導致問題的解決，也可能使問題凍結。你必須遵守這一行為準則 —— 設法推辭掉不是辦法，你應該努力去解決問題。

當對話中一方不明白這一基本原則時，這場對話可能成為一場對抗。如果你發現自己正處於對抗中，用這些方法可獲得一個積極的效果：

1‧緊扣問題的實質

不要讓對抗漸漸轉化成與問題實質無關的責備，時刻把有待解決的問題牢記在心。一場對話永遠不應成為私人間的對抗，它的目的應該是解決問題，而不是繼續毫無結果的爭論。

一般情況之下兩人正在爭論，很明顯雙方都堅持自己的觀點。其中一個感到沮喪，他對另一個說：「要說服你是不可能的，你心胸太狹隘了。」這就觸到了一個禁忌。要記住，不要把話題扯開，不要偏離問題的實質，因為這樣無助於問題的解決。

2‧避開爭辯

你的觀點可能絕對正確，然而對方就是要和你爭辯。不要讓自己被拖進一個不會一導致問題解決的爭辯中去。

一位員工上班經常遲到，當你提醒他必須準時上班時，他抱怨道：「你總是跟我過不去。」你的第一個衝動就想這樣回答：「那是因為你是唯一老遲到的。」這樣說會導致那位員工否認這是事實，甚至可能導致那位員工舉出其他員工遲到的事情。而換一種說法可能就會制止一場爭論。

在這裡值得注意的是你應該對那位員工的爭辯不作回答。儘管那位員工說「這是不公平的，你總跟我過不去，這些制度太嚴格」，可你的每一句回答都扣住問題的關鍵。在一來一去兩三個回合以後，抱怨者說不下去了，因為你拒絕用爭論的方式做出反應。

3．彼此讓步

對抗常常導致僵局。如果不能妥善處理對抗的局面，要想解決問題是不可能的。事實上，即使是那些有顯而易見解決辦法的簡單問題，如果雙方都拒絕做出讓步的話，也可能升級為複雜的問題。最好的處理辦法是彼此都退讓一步。有些人就是不知道怎麼才能與你合作共事，你或許需要透過協商和他們和睦相處。

假如你的部門正在為每個月二十日前必須送給另一部門的資訊材料作準備，另一部門的經理要求你在十日前完成這項工作。那樣做意味著你只有三天時間作準備，而你至少需要六天時間，於是你就可以提出一個折中的方案：這些材料最遲十六日送往對方部門。

總的說來，在處理這方面問題的時候，你必須學會積極的去尋求解決的方法，而不是去推辭。

你的老闆其實沒這麼喜歡你
別好奇、別找藉口、別說「不公平」，職場上不可不知的遊戲規則

編　　著：吳載昶，鄭一群

發 行 人：黃振庭

出 版 者：崧燁文化事業有限公司

發 行 者：崧燁文化事業有限公司

E-mail：sonbookservice@gmail.com

粉 絲 頁：https://www.facebook.com/
　　　　　sonbookss/

網　　址：https://sonbook.net/

地　　址：台北市中正區重慶南路一段六十一號八
　　　　　樓 815 室

Rm. 815, 8F., No.61, Sec. 1, Chongqing S. Rd.,
Zhongzheng Dist., Taipei City 100, Taiwan (R.O.C)

電　　話：(02)2370-3310

傳　　真：(02) 2388-1990

印　　刷：京峯彩色印刷有限公司（京峰數位）

國家圖書館出版品預行編目資料

你的老闆其實沒這麼喜歡你：別好
奇、別找藉口、別說「不公平」，
職場上不可不知的遊戲規則 / 吳
載昶，鄭一群編著 . -- 第一版 . --
臺北市：崧燁文化事業有限公司，
2021.12
　面；　公分
POD 版
ISBN 978-986-516-959-6(平裝)
1. 職場成功法
494.35　110019595

電子書購買

臉書

定　　價：370 元

發行日期：2021 年 12 月第一版

◎本書以 POD 印製

獨家贈品

親愛的讀者歡迎您選購到您喜愛的書，為了感謝您，我們提供了一份禮品，爽讀 app 的電子書無償使用三個月，近萬本書免費提供您享受閱讀的樂趣。

ios 系統　　　　安卓系統　　　　讀者贈品

請先依照自己的手機型號掃描安裝 APP 註冊，再掃描「讀者贈品」，複製優惠碼至 APP 內兌換

優惠碼(兌換期限2025/12/30)
READERKUTRA86NWK

爽讀 APP

📖 多元書種、萬卷書籍，電子書飽讀服務引領閱讀新浪潮！

🎧 AI 語音助您閱讀，萬本好書任您挑選

🔍 領取限時優惠碼，三個月沉浸在書海中

🔔 固定月費無限暢讀，輕鬆打造專屬閱讀時光

不用留下個人資料，只需行動電話認證，不會有任何騷擾或詐騙電話。